VERLAG
Herz & Verstand

Coverbild: Art is Passion by Silvia Höld | art-is-passion.com
Illustration: Sarah Both
Grafische Umsetzung: | Anja Horn marken-hund.de

ISBN: 978-3-910256-00-2
Erschienen im Verlag Herz & Verstand

Hund im Stress?

Entspannter Hund - Entspannter Alltag

von Sarah Both

Einmal im Quartal gibt es die Möglichkeit für dich,
einen meiner Onlinekurse deiner Wahl zu gewinnen.

Darunter zum Beispiel
„Entspannter Hund - Entspannter Alltag“ im Wert von 127€,
oder „Hundebegegnungen easy meistern“ im Wert von 97€.

Das geht ganz einfach und kostet nur wenig Zeit.
Alles was du tun musst, erfährst du unter:
www.bothshunde.com/hund-im-stress

Inhaltsverzeichnis

Vorwort

Einen zusätzlichen Ratgeber über die richtige Auslastung unserer Hunde brauchen wir nicht. Die gibt es wie Sand am Meer. Wie Sand am Meer gibt es auch Möglichkeiten, den Hund zu beschäftigen, Programme, um den Hund so richtig müde zu machen.
Und wie Sand am Meer gibt es Hunde, die völlig aufgedreht sind, die nicht wissen, wohin mit sich und die alle Reize ungefiltert in sich aufnehmen, sodass ein völlig gelassener Alltag gar nicht mehr möglich ist.
Die Antwort darauf lautet häufig: Du musst deinen Hund noch mehr beschäftigen, solange bis Hund und Mensch sich nur noch im Kreis drehen. Bis die Hektik der Menschenwelt schlussendlich auch im Hundealltag angekommen ist. In dem Alltag, den viele von uns Menschen eigentlich für die Entspannung und Entschleunigung nutzen wollten.

Irgendetwas läuft schief? Oder nicht?
Ich möchte in diesem Buch Wege aufzeigen, wie du mit deinem Hund einen entspannten Alltag leben kannst. Wie du deine eigenen Lösungen findest, um deinen Hund mehr zu entspannen. Du wirst lernen, warum unsere Hunde so reagieren und warum man bei hyperaktiven Hunden fast schon von einem Modeproblem sprechen kann. Eines, das wirklich existiert und nicht nur auf dem Papier als Ausrede genutzt wird.
Du wirst lernen, deinem Hund Ruhe beizubringen und erfahren, warum das überhaupt nötig ist. Du wirst lernen dein Bauchgefühl wieder zu trainieren, um die Entscheidungen für dich und deinen Hund so zu treffen, dass es für euch gut ist. Abseits der Empfehlungen, die von außen oder auch von mir kommen.

Du wirst immer wieder kleine Geschichten im Buch finden, die den Einstieg in die Kapitel erleichtern. Ich nehme dich mit auf die Reise in die Vergangenheit unserer Hunde, in der es spannende Gründe dafür gibt, dass auch Arbeitshunde NICHT dauerhaft und jeden Tag ausgelastet werden sollten. Ich verspreche - es wird spannend und entspannend zugleich.

Mein größter Wunsch für dieses Buch ist, dass du es mit Freude und Gelassenheit liest. Dass du den Mut hast auszuprobieren, was dir und deinem Hund mehr Entspannung verschaffen könnte. Und dass du Schritt für Schritt dein Bauchgefühl für dich und deinen Hund zurückgewinnst.
Du wirst Ängsten begegnen und an deinen Glaubenssätzen rütteln, du wirst zweifeln, ausprobieren, euphorisch sein und Neues wieder verwerfen. All das gehört dazu. Trau dich - für dich und deinen Hund.

Ich werde mir große Mühe geben, dass du am Ende des Buches niemandem und keiner Methode - auch mir nicht!- mehr glauben musst, was wichtig und richtig für dich und deinen Hund ist. Sondern dass du es weißt, aus dir heraus.

Wie du das Buch für dich nutzen kannst

Ich freue mich sehr, dass du zu diesem Buch gefunden hast und möchte dir daher schon vorab einen Leitfaden zur Orientierung im Buch geben.

Zunächst: Entspannung ist kein Sprint - es ist ein Marathon! Eine schnelle Lösung, die mit einem Fingerschnippen gemacht ist, gibt es nicht. Das Buch wird dich und deinen Hund hoffentlich über einen längeren Zeitraum begleiten.
Daher empfehle ich dir, es erst einmal ganz zu lesen und danach mit der Umsetzung anzufangen.

Im ersten Teil wirst du erfahren, was in den letzten Jahrhunderten und Jahren dazu geführt hat, dass wir heute immer mehr aufgedrehte Hunde haben. Wir tauchen ein in die Geschichte und Biologie unserer Hunde. Keine Sorge: Es wird keine trockene Abhandlung, diese Dinge können richtig spannend sein!
Im zweiten Teil geht es um die verschiedenen Möglichkeiten, die auf dem Weg zu mehr Entspannung helfen können. Ich zeige dir, welche Puzzleteile es braucht und wie du sie mit deinem Hund in euren Alltag integrieren kannst. Ich werde hier ausführlich beschreiben, worauf es ankommt und dir auch konkrete Übungsanleitungen mitgeben.
Im dritten Teil geht es darum, all dieses Wissen auch anzuwenden und in passenden Schritten in euer Leben zu holen. Denn sind wir ehrlich - es gibt viele Ratgeber und Übungsanleitungen, aber wenn man nicht weiß, in welcher Reihenfolge man am besten anfängt, stößt man schnell an seine Grenzen. Das möchte ich vermeiden.
Daher bitte ich dich - lies das Buch erst und fang dann mit der Umsetzung an. Gerade im zweiten Teil kann die Vielfalt der Möglichkeiten einen schnell erschlagen. Aber nicht alles ist für jeden Hund gleich wichtig. Euren eigenen Weg, wie du das Wissen und die Übungen für euch sinnvoll nutzen kannst, lernst du mit dem dritten Teil des Buches zu entwickeln.

Du wirst viele Geschichten aus dem Leben finden, die den gedanklichen Einstieg in die Themen erleichtern oder Inhalte verdeutlichen.

Das Icon mit dem Buch wird dich bei den Geschichten begleiten.

Verteilt im Buch findest du einige konkrete Übungsanleitungen, die du als Inspiration oder konkrete Umsetzungsschritte für dich nutzen kannst. Für die Übungen gibt es das Icon mit der Fahne.

Das Video Icon zeigt Übungen an, die du auf der Website zum Buch als Videos findest. Es lohnt sich da auch für die anderen Übungen auf die Website zu schauen, denn ich werde die Website immer wieder aktualisieren und neue Videos aufnehmen.

Die Lupe zeigt dir an, wenn es darum geht genau hinzuschauen und zu analysieren.

Der Stift zeigt dir Stellen an denen ich dir empfehle etwas für dich schriftlich festzuhalten.

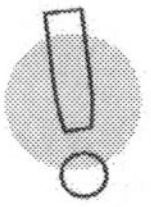

Das Ausrufezeichen macht dich auf wirklich wichtige Informationen aufmerksam, die du in deinem Alltag mit Hund beachten solltest.

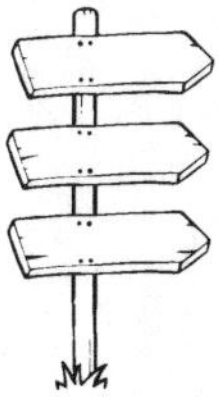

Zur besseren Orientierung findest du hin und wieder Wegweiser, die dir zeigen an welcher Stelle des Buches du dich gerade befindest.

Hintergrundwissen
ab Seite 5
Wege zur Entspannung
ab Seite 29
Euren Weg finden
ab Seite 105

Teil 1 - Ursachen & Hintergründe

Nervöse Hunde - ein Modeproblem?

„Früher hat das auch kein Hund gebraucht!“, höre ich hin und wieder, wenn ich darüber spreche, wie Hunde Entspannung erlernen können.
Oder auch: „Wenn der Hund müde ist, dann soll er doch schlafen.“

Immer mehr Menschen googeln nach Tipps dazu, wie man hyperaktive Hunde ruhig bekommt. Die Menge der Suchanfragen nach zum Thema hat sich in den letzten 20 Jahren vervierfacht.

Um der Herausforderung Rechnung zu tragen, gibt es auch immer mehr Trainer, die sich genau darauf spezialisieren. Und letztlich ist das auch der Grund, warum ich gerade hier sitze und dieses Buch schreibe.

Dass subjektiv gesehen der Bedarf an entspannteren Hunde besteht, ist offensichtlich. Doch ist es wirklich so, dass die Hunde aufgeregter sind, oder haben wir andere Ansprüche? Und wenn sie wirklich nervöser sind als noch vor wenigen Jahrzehnten, woher kommt das? Was sind die Ursachen?
Wie es dazu kommt, dass wir heute immer mehr aufgeregte Hunde haben, die scheinbar nicht mit den Anforderungen des Alltags umgehen können? Damit beschäftigt sich dieses Kapitel.

Aber zunächst möchte ich dich auf eine Zeitreise in das Irland des 19. Jahrhunderts mitnehmen, zu einem Irish Setter namens Adian und zu seinem Nachfahren Bruno, der in 2019 lebt.

Bruno ist ein stolzer Rüde. Mittlerweile ist er schon dreieinhalb Jahre alt. Er ist ein Irish Setter, wie er im Bilderbuch steht. Er hat laaange Beine, tolles leicht welliges rotbraunes Fell, Schlappohren, die die Mädels aufseufzen lassen und so wundervolle Augen, wie sie kein Maler hinbekäme. Aber auch die inneren Werte lassen nicht zu wünschen übrig. Er ist schnell, bewegt sich sehr elegant und kann mit seiner Nase eine Fährte sehr präzise ausarbeiten. Und als wäre das noch nicht genug ist er auch ein echter Menschenfreund. Er hat zwar kein eigenes Jagdgebiet wie viele seine Familienmitglieder, aber seine Menschen geben sich alle Mühe ihn „richtig auszulasten“. Sein Tagesplan

ist dem eines Top-Managers würdig und er gibt sich alle Mühe trotz fehlender Krawatte, nach außen deutlich sichtbar *schwer beschäftigt* zu sein. Das fällt ihm nicht schwer, denn er ist ständig auf Achse. Er kann ja auch viel - also geizt er auch nicht mit seinen Talenten.
Montags hat er Kinderdienst, da bespaßt er die Enkelkinder seiner Menschen den gesamten Nachmittag. Er tut alles für sie.
100 Mal Bällchen holen? Kein Problem!
Kostüme tragen und Laufsteg-Hund spielen? Na klar!
Beim Toben im Garten den Pausenclown geben und alle zum Lachen bringen? Nichts leichter als das!
Schlechte Laune nach einer verpatzen Klassenarbeit? Die hält nicht lange, Bruno tröstet sofort!
Am Dienstag fährt er mit Herrchen morgens immer eine Stunde Rad und am Nachmittag gehen die beiden zum Dummytraining. Auf diesen

Sporttag ist er richtig stolz, da pumpt das Adrenalin nur so durch seinen Körper und er hat das Gefühl am Mittwoch beim Gassitreff mit der Nachbarschaft, die Mädels noch mehr zu beeindrucken.
Donnerstags geht Frauchen mit ihm zur Hundeschule. Sind wir ehrlich: Bruno weiß eh alles, aber Frauchen meint, er müsste lernen, sich zurückzuhalten und sich zu konzentrieren, um sein Wissen auch anwenden zu können. Nunja, wie sie meint - man kann ja nicht alles können.
Am Freitag wird es richtig lustig, da ist er oft bei der Enkelfamilie zu Besuch und bleibt dort auch über Nacht, weil Herrchen und Frauchen sich den Abend freinehmen und ins Theater gehen und solche Sachen, die Bruno sowieso irre langweilig findet.

Am Samstag geht er dann mit zum Einkaufen und begleitet seine Menschen überallhin bei ihren Besorgungen.
Frauchen meint, er würde an Samstagen oft „zu kurz“ kommen, aber er weiß, dass am Sonntag das ganze Programm nur für ihn gedacht ist. Da sind Herrchen und er nämlich den halben Tag beim Mantrailing unterwegs. Hier kann er seine Talente voll entfalten. Einzig das Warten fällt ihm nicht so leicht. Und wenn er ehrlich ist, dann ist ihm auch die ein oder andere Spur schonmal verloren gegangen, weil er sich nicht so gut konzentrieren konnte. Aber das passiert doch jedem einmal, oder nicht?
So kennt Bruno sein Leben. Seit er bei seiner Familie eingezogen ist, hat er viel zu tun und er ist stolz darauf.

Und plötzlich ist alles anders.
Die Enkelfamilie ist umgezogen und nun kommen sie nicht mehr oft vorbei. Auch Bruno kann freitags nicht mehr mit zu ihnen. Und Frauchen - die hat sich beim Umzug den Knöchel gebrochen und darf jetzt nicht laufen.
Bruno leistet ihr oft Gesellschaft. Und obwohl seine Menschen sich richtig Sorgen machen, dass er gelangweilt sein könnte, findet der aktive Rüde diese Pause gar nicht so schlecht. Wie jeder Irish Setter, der etwas auf sich hält hat er natürlich eine Ahnentafel, die er bis zum Urknall (oder jedenfalls fast bis dahin) zurückverfolgen kann.
Um sich die Zeit zu vertreiben, taucht er ein in die Welt seiner Urahnen.

Brunos Ururuurur…Opa lebte in einem englischen… oh pardon *irischen* Adelshaus und hieß Adian (Der Feurige). Auf der Burg seines Herren wurde er geboren und ging dann in seinen ersten Lebensjahren durch eine harte Schule, als die Menschen Zeit für ihn hatten. Erst als er erwachsen und ein zuverlässiger Jagdhund war, durfte er Teil der Hunde sein, die sein Herr auserwählt hatte, um mit ihm die richtig wichtigen Jagden zu bestreiten. „Der hatte einen tollen Job!“, träumt Bruno und fängt sofort an, das Tagebuch seines Urahnen durchzustöbern. Doch was er da fand, passte so gar nicht zu dem, was Bruno sich von so einem wichtigen Job vorgestellt hatte.
Die meisten Tage von Adian dem Feurigen drehten sich um Schlafen vor dem Kamin oder im Zwinger und dem Warten auf Futter. Über den Winter wurde er manchmal sogar gänzlich zu den Bauern ausquartiert, die damit beauftragt wurden, ihn durchzufüttern. Nur während der Jagdsaison durfte er hin und wieder zeigen, was er kann. Eine Jagd konnte schon einmal mehrere Tage dauern, in denen die Hunde häufig gebraucht wurden. Allerdings waren diese Gelegenheiten eher selten. Höchstens ein bis zwei Mal im Monat schafften es die Menschen, größere Jagdgesellschaften

zu organisieren. Während einer langen Saison hatte Aidan ungefähr 50 Arbeitstage. Den Rest seines Lebens verbrachte er hauptsächlich mit Schlafen.

Bruno ist völlig verdattert. Er dachte bisher das seine Urahnen viel mehr zu tun hatten als er heute. Und dann erfährt er, dass sie im Vergleich zu ihm ein Faulenzerleben geführt haben. Diese ganzen Aufgaben die er in seinem Leben hat, erscheinen ihm plötzlich sehr viel. Doch seine Menschen reden immer davon, dass er ein Arbeitshund sei, der ausgelastet werden müsse. Er hat viel Spaß am Zusammensein mit seinen Menschen und kann sich gar nicht vorstellen wie es anders sein könnte. Die Pausen und Ruhezeiten im Alltag interessieren ihn dann aber doch und er fragt sich wie das wohl wäre, wenn er so viel Zeit zum schlafen hätte.

„Hyperaktiv" oder „normal" - alles eine Frage der Wahrnehmung?

Um herauszufinden, was es wirklich auf sich hat mit der Thematik zunehmend aufgeregter Hunde, dürfen wir zunächst genauer hinterfragen, wie wir Menschen uns verändert haben. Denn es gibt keine objektiven Messkriterien, die uns klar darlegen könnten, ob sich die Hunde verändert haben oder nicht. Daher ist die Wahrnehmung der Menschen, die mit den Hunden leben, aktuell der einzige Anhaltspunkt, um eine Aussage darüber zu treffen. Vielleicht ist es ja so, dass die Hunde sich gleich verhalten, aber wir das heute anders einschätzen als noch vor 20 Jahren?

Ich glaube, es ist beides richtig. Die Hunde haben sich verändert und wir Menschen nehmen das Verhalten unserer Hunde anders wahr.

Wo es früher noch völlig normal war, dass der eigenwillige Terrier der Nachbarin hin und wieder allein seine Runden gedreht hat, sich von niemandem anfassen lässt und ein riesiges Theater veranstaltet, sobald sich jemand dem Grundstück nähert, wäre das heute schon ein auffälliges Verhalten. Eine Schulfreundin hatte einen Beagle, der regelmäßig in der Mietwohnung Heulkonzerte veranstaltete, wenn draußen Geräusche zu hören waren und das nicht, weil er alleine war, sondern weil er Freude am „Singen" hatte. Keiner hat sich daran gestört. Für die Nachbarn war klar: Da wohnt ein Hund und Hunde bellen oder heulen manchmal. Solange sie nicht nachts aus den Betten geholt wurden, gab es für niemanden einen Grund zum Aufregen.

Dasselbe Szenario heute in 2019 in demselben Wohnumfeld wäre fast schon ein Grund zur Sammelbeschwerde und würde vielleicht den Unmut der ganzen Umgebung auf sich ziehen. Manche Menschen fühlen sich schon durch die bloße Anwesenheit von Hunden (oder Katzen, oder Vögeln, oder ...) belästigt und reagieren auch so, wenn diese Tiere ein für sie völlig normales Verhalten zeigen. Unser Leben wird immer lauter: Ständig piept, summt oder hupt irgendwo ein elektronisches Gerät, aber unsere Toleranz gegenüber natürlichen Geräuschquellen wie Tieren oder Kindern scheint - vielleicht sogar deswegen - zu sinken.

Doch auch die Hundehalter haben teils wenig natürliche Vorstellungen von angemessenem Hundeverhalten. Der einst robuste Jagdhund wird dann peinlichst genau sauber gehalten und ein Hundetrainer wird engagiert, weil der „auffällige Hund" sich so gern in stinkenden Dingen wälzt. Oder er avanciert zum „echt aggressiven Problemhund", weil er hin und wieder knurrt wenn Artgenossen ihn aufdringlich belagern.

Die wenigsten von uns Menschen - insbesondere in Städten - wachsen heute noch mit Tieren auf. Wir entfremden uns von der Natur und der Umgang mit Tieren gehört schon lange nicht mehr in jedem Leben völlig selbstverständlich dazu. Dadurch kommt es zur Verschiebung der Wahrnehmung. Das Verhalten unserer Hunde wird immer mehr an menschlichen Maßstäben gemessen. Gleichzeitig vertrauen wir weniger auf unser Bauchgefühl im Umgang mit den Tieren, sondern verlassen uns auf Tipps von außen. Egal ob Trainer, Hundewiesenexperten oder Fernsehgurus - wir folgen dem was uns von außen erzählt wird. Vielleicht auch deswegen, weil wir unser Bauchgefühl nicht mehr hören können?!

Und auch wenn das auf dich nicht zutrifft, verändert es doch die Gesellschaft. Der Druck, einen „gut erzogenen" (was auch immer das bedeuten soll) Hund zu haben, ist spürbar und das hat Auswirkungen auf dich.
Vielleicht stört dich persönlich das Bellen deines Hundes gar nicht, aber was sollen nur die Nachbarn sagen? Vielleicht hast du selbst keine Lust auf rege Unterhaltungen mit fremden Menschen, während du mit deinem Hund spazieren gehst, dir ist es aber peinlich, wenn dein Hund dieses Bedürfnis nach Abstand auf seine Art zum Ausdruck bringt, weil du dich vor den Urteilen der anderen Menschen fürchtest? Ich glaube, solche oder ähnliche Gedanken kennen wir alle. Doch über die Auswirkungen unseres eigenen Kopfkinos auf unsere Hunde und wie du es bewusst steuern kannst, erfährst du später mehr.

Ein Teil des Phänomens von immer mehr nervösen Hunden hat also damit zu tun, dass sich unsere Wahrnehmung verändert. Die jedes einzelnen Menschen

und die der Gesellschaft.
Das soll keinesfalls eine Anklage sein, sondern vielmehr ein Betrachten der Tatsache. Denn wenn dir das bewusst ist, kannst du deinen Hund vielleicht schon in einem etwas anderen Licht sehen.
Ist es nur die Wahrnehmung? Gibt es keine Verhaltensveränderung der Hunde? Doch, die gibt es auch über unser Empfinden hinaus. Sonst wäre das Buch an dieser Stelle schon zu Ende und mein Job als Coach für Menschen mit einem solchen sehr reizempfänglichen Hund wäre völlig überflüssig.

Was hat sich noch verändert für unsere Hunde, was einen Einfluss haben könnte?

Eine immer schnellere Welt voller Ablenkungen

Unser Alltag hat sich verändert. Sehr sogar! Wenn du hier einen Ratgeber lesen würdest, der sich mit unruhigen Menschen beschäftigt, die sich nicht konzentrieren können, oder unter Schlafstörungen leiden, dann wären die Ursachen ganz ähnlich wie bei unseren Hunden. Denn sie sind Teil unseres Alltags. Und sie sind davon abhängig, wie wir ihren Alltag gestalten.

Unser Leben wird immer schneller. Durch moderne Kommunikation sind wir nahezu ständig erreichbar, wir reisen schnell, sprechen schnell, bestellen Produkte im Internet aus hunderten Kilometern Entfernung und erwarten, dass sie am nächsten Tag direkt vor unserer Haustür liegen. Langeweile genießen und geduldig auf etwas warten - das kennen und können wir gar nicht mehr. Auf einer halbstündigen Autofahrt prasselt heute ein Vielfaches mehr an Werbebotschaften auf uns ein als vor 50 Jahren. Wir kommunizieren mit mehr Menschen täglich, als das früher der Fall war. Im Zeitalter von Messengern und E-Mails geht das schnell, auch wenn die Tiefe der Gespräche wahrscheinlich eher abgenommen hat. Wir nehmen Informationen auf und beschäftigen unser Gehirn damit, all diese Botschaften zu filtern und zu sortieren. Dieses Gehirn hat sich schon so daran gewöhnt, dass wir die meisten der Botschaften gar nicht mehr bewusst wahrnehmen, sondern sie im Grundrauschen untergehen. Dieses Grundrauschen ist immer da und wenn es in einem seltenen Moment der Stille plötzlich fehlt, ist unser Kopf so mit der Veränderung überfordert, dass Entspannung kaum noch möglich ist. Wir halten die Stille nicht mehr aus.

Dazu kommt der Trend, sich ständig selbst optimieren zu wollen. Wir wollen effizienter werden, mehr arbeiten, bessere Eltern sein, ein außergewöhnliches Hobby haben, viel Zeit mit dem Partner verbringen, uns ehrenamtlich engagieren, nachhaltig leben und natürlich auch die perfekten Hundehalter sein. Wir definieren uns zunehmend über Leistung. Wer nach dem Wochenende im Büro erzählt, dass er sich „nur" erholt hat und nicht ein intensives Sportprogramm zur Wohnungsrenovierung durchgezogen hat, wird schon fast belächelt oder sogar bemitleidet. Wer viel zu tun hat, egal ob das sinnvoll ist oder nicht, der gilt als erfolgreich. Wer deutlich sagt, dass auch er eine Pause braucht, der ist zu schwach. Unsere gesamte moderne Lebenswirklichkeit ist hektisch und leistungsgetrieben.

Und unsere Hunde sind Teil dieses Alltags. Auch auf sie wirkt diese Schnelligkeit. Der Hund soll nicht unter dem menschlichen Stress leiden und zu kurz kommen, deswegen wird zwischen zwei Terminen noch schnell mit dem Hund rausgegangen. Und dann soll ihm auch was geboten werden. Wir schlagen ein Spaziertempo an, bei dem die Gerüche nur so an unserem Hund vorbeifliegen und um ihn auch bloß nicht langweilen zu lassen, bauen wir mindestens eine ausgiebige Beschäftigungseinheit in die Runde ein.
Es reicht nicht mehr, dass der Durchschnittshund kommt, wenn man ihn ruft, nett zu den Kindern ist und total süß gucken kann, wenn es Kuchen gibt. Nein, er soll auf jeden Fall immer und überall ein toller Begleithund sein und sich egal in welcher Situation völlig unauffällig verhalten. Er soll entspannt Auto und U-Bahn fahren und bei Wochenendausflügen auch mit Kühen völlig gelassen umgehen können. Er soll alleine bleiben können und unsere Gäste ohne Probleme ins Haus lassen. Er soll beim Spaziergang, egal in welcher Umgebung, locker bleiben und nicht jagen gehen. Mit jedem Hund und jedem Menschen soll er freundlich sein. Und selbstverständlich soll er in jeder Situation von uns ansprechbar sein und die gestellten Aufgaben umsetzen können.

Statt unsere freie Zeit mit dem Hund für Entspannung zu nutzen, laden sich viele Menschen nur noch mehr To-Do's auf ihre Liste. Der Hund muss beschäftigt werden - immer und natürlich rassespezifisch - er soll nur das beste Futter kriegen. Außerdem geht man heutzutage in eine Hundeschule, weil man das halt so macht, unabhängig davon, ob man Probleme hat oder nicht. Außerdem soll der Hund regelmäßig Sozialkontakte haben. Also werden Hundetreffs oder Gruppenspaziergänge organisiert. Und ehe man sich versieht, ist der Hund zu einem weiteren Stressfaktor im Leben geworden. Und ob der Hund sich das Leben so aussuchen würde? Das zu beobachten und hinterfragen, dafür bleibt in dem ganzen Stress gar keine Zeit mehr.
Diese Hektik überträgt sich auf den Hund. Da der mehr Ruhe braucht als wir Menschen, sogar noch deutlicher als bei uns. Am Ende der Spirale steht ein Hund, der voll unter Strom steht und nicht mehr weiß, wie er noch zur Ruhe kommen kann.

Rein biologisch steckt in unseren Hunden noch immer der, den wir Menschen uns über Jahrhunderte gezüchtet haben. Ein Hund, der sofort arbeitsbereit ist, sobald es etwas zu tun gibt. Der, wenn es gebraucht wird, auch über seine eigenen Grenzen hinweg geht, egal, ob er müde ist oder noch top fit, auf der Jagd war kein Schwächeln erlaubt. Das Schlafbedürnis dieses Landraubtieres allerdings ist nach wie vor sehr hoch. Früher waren die Ruhepausen automatisch im Alltag integriert, denn wenn gerade keine Aufgabe für den Hund da war, dann gab es auch keine Reize, die auf den Hund einströmten. Es war nicht nötig bei der Zucht darauf zu achten, dass Hunde auch Umweltreize ausblenden oder ignorieren können, um sich Ruhepausen zu nehmen, denn außerhalb ihrer Einsätze war der Hundealltag sowieso langweilig.

Heute ist das völlig anders. Heute strömen über den Tag verteilt so viele Umweltreize auf uns und die Hunde ein, dass die reizarmen Zeiten sehr selten sind. Ruhezeiten sind nicht mehr automatisch im Alltag integriert. Daher dürfen so reizempfängliche Hunde jetzt von uns lernen, wie sie mit der Reizüberflutung umgehen können und sich ihre Ruhephasen auch dann nehmen, um ihr natürliches Schlafbedürnis zu decken. Wenn sie das nicht lernen dürfen, dann bleibt eine ständige Überforderung, Schlafmangel und dadurch Reizbarkeit und Hyperaktivität übrig. Aus alten Zöpfen heraus wird dann nach besserer Auslastung gerufen, es wird noch mehr beschäftigt, es kommen noch weniger Ruhephasen. Plötzlich ist dann ein Hund, der am Abend völlig erschöpft in sein Bett fällt, zum Idealbild geworden. Den Hund „müde zu machen“ wird zum Ziel und Stressfaktor für alle Beteiligten.

Obwohl die Vorstellung vom Leben mit dem Hund für die meisten Menschen ganz anders aussieht. Frag dich selbst, wie du dir das Zusammensein mit deinem Hund wünschst. Ist es der schnelle Spaziergang, noch schnell zwischen zwei Terminen mit hektischem Hund und jeder Menge Aktion? Oder war die ursprüngliche Idee vielleicht eher gemeinsam ganz ruhige Zeit draußen zu verbringen und die Schnelligkeit des Alltags ausgleichen und Zeit für Entspannung finden?
Die meisten meiner Kunden würden sich für die zweite Variante entscheiden. Nur wissen sie nicht, wie sie dahin kommen können, so entspannt mit ihrem Hunden zu leben. Das Tolle ist: Auf dem Weg zu einem entspannteren Hund, wirst du auch lernen selbst bewusst zu entspannen. Bevor wir uns intensiv damit beschäftigen, wie du und dein Hund wieder gemeinsam entspannter sein könnt, tauchen wir noch in einen weiteren Grund für mehr Stress ein. Es ist wichtig, dass du die Ursachen kennst, um daraus Lösungen selbst entwickeln zu können, die zu dir und zu deinem Hund passen.

Der Einfluss der Genetik, manches bringt ein Hund einfach mit

Richtig spannend wird es, wenn wir uns anschauen, welche Aufgaben die Hunde im Vergleich von früher zu heute haben. Die Hunde, die wirklich noch für eine bestimmte Aufgabe angeschafft werden, also zum Beispiel noch mit zur Jagd gehen, oder wirklich als Wachhund da sind, sind selten.

Der „Hauptjob" der meisten Hunde ist der des Familienhundes. Er soll ein toller Begleiter sein und wir möchten am liebsten unser gesamtes Leben mit ihm teilen. Egal, ob beim Einkaufen oder beim Cafébesuch, bei einer großen Wanderung und am liebsten auch im Büro - wir wünschen uns, dass der Hund immer dabei sein soll. Bei so viel Programm hat ein Hund, der zwischendurch und im Trubel schwer zur Ruhe kommen kann, schnell ein Problem, weil er ständig im Schlafmangel ist.

Dazu kommt, dass viele der Modehunderassen in den letzten Jahren aus dem Jagdbereich kommen. Da sind Rassen dabei, die noch vor wenigen Jahren ausschließlich in Jägerhände abgegeben wurden. Die Jäger wissen (ganz unabhängig davon, wie die Ausbildung der Hunde abläuft) genau, dass ein Hund der nicht gelernt hat, auch Ruhe zu halten, für seinen Job unbrauchbar ist. Sitzt der Hund am Ansitz unruhig rum und fiept und bellt vor Ungeduld während der langen Zeit des Wartens, kommt der Jäger sicher nicht zum Schuss.
Ein solcher Hund im ganz normalen Haushalt muss auch Ruhe erlernen! Beim Aufdrehen und sofort bereit sein für höchste körperliche Anforderungen sind diese Hunde schnell, auch ohne dass man viel trainiert. Pausen nehmen sie sich nicht von allein.
Ich möchte damit überhaupt nicht sagen, dass Hunde dieser Rassen (zum Beispiel Magyar Vizsla, Weimaraner, Deutsch Drahthaar - um nur einige zu nennen) nur in Jägerhände gehören. Ich bin fest überzeugt, dass sie auch in normalen Haushalten glücklich sein können. Aber durch ihre Nähe zur Zucht auf Leistungsmerkmale sind hier weniger Hunde dabei, die die Ruhe automatisch beherrschen.

Nehmen wir als Beispiel den Labrador. Diese Rasse ist schon seit vielen Jahren sehr beliebt. So haben sich mittlerweile verschiedene Zuchtlinien herausgebildet. Die einen legen größten Wert auf jagdliche Eigenschaften, die anderen züchten eher auf die äußeren Merkmale und Tauglichkeit als Familienhunde (Showlinie). Auch hier kann man zwar nicht sagen, dass Hunde aus einer Showlinie immer ruhiger sind. Aber den Anforderungen der normalen Familie wird hier in der Zucht schon mehr Rechnung getragen als bei einer

Rasse, die noch bis vor kurzem ausschließlich in Jägerhand war.

Es liegt also auch in der Verantwortung der Züchter in der Auswahl der Hunde den Fokus auf Ruhe und Gelassenheit zu legen, damit auch die sehr aktiven und reizempfänglichen Rassen in unserem hektischen Alltag gut klarkommen können.

Insbesondere bei neu geschaffenen Rassen wie all den „Doodles" dieser Welt, also Kreuzungen anderer Rassen mit Pudeln, gilt es genau hinzuschauen. Es mag sein, dass diese Rassen optisch einem anderen Ideal entsprechen und optische Merkmale beider Ursprungsrassen mitbringen. Aber auch die Eigenschaften der zwei gekreuzten Rassen werden kombiniert und es ist nicht vorhersehbar, welche davon sich im Verhalten der Welpen widerspiegeln.
So hatte ich in den letzten Jahren einige Kunden mit Labradoodles (Kreuzung aus Labrador und Pudel), die einen gemütlichen Labrador mit Locken erwartet haben und aus allen Wolken gefallen sind, als die hohe Energie und das Verhalten des Pudels klar in ihrem Hund zu erkennen war.
Oder auch manche silberne Labradore, bei denen die Halter völlig überrascht wurden, dass ihr Hund eben auch die Mannschärfe des Weimaraners mitbekommen hat, der in manchen Zuchten ursprünglich die Farbe zum „silbernen Labrador" bringt.

Heißt das jetzt, dass reizempfindliche Hunde mit hoher Aktivität von Haus aus so sind und es keine Lösung gibt? NEIN!
Das bedeutet lediglich, dass es sinnvoll ist, dir Gedanken darüber zu machen, welchen Hund du hast. Je nachdem, welche genetischen Voraussetzungen er mitbringt, ist es essentiell, dass er Ruhe aktiv von dir lernen kann. Und natürlich auch, wie lange und intensiv diese Grundlagen euch begleiten.

Es ist leichter, einem Hund, der von jeher als Begleithund gehalten wurde, die Ruhe im Sturm beizubringen, als einem, der noch bis vor wenigen Generationen ein Leben zwischen Jagdeinsätzen und ruhigen Schlafpausen geführt hat.

Die gute Nachricht ist: Es geht! Jeder Hund kann Ruhe lernen. Und auch die Profis, die ihre Hunde für einen echten Einsatz brauchen, wissen das. Ich möchte dir hier noch von einer Begegnung mit einem schottischen Schäfer erzählen, die dir das noch verdeutlichen kann. Insbesondere, wenn du einen Hütehund hast, oder Leute kennst, die der Meinung sind, dass Hütehunde (Border Collies, Australien Shepards und Co.) ganz, ganz viel Beschäftigung brauchen um ruhig zu sein, ist die ganz spannend für dich!

Robert McMillan ist Schäfer in Schottland. Als ich ihn kennenlernen durfte, war er 53 Jahre alt und trotz seines vollgepackten Tages einer der entspanntesten Menschen, die ich kenne. Der große schlanke Mann mit graumeliertem Bart sieht genauso aus, wie ich mir einen Schäfer in dem Umfeld vorgestellt hatte. Ich treffe ihn während meiner Hundetrainerausbildung und darf eine Woche lang seinen Alltag miterleben und natürlich auch mithelfen, bei allem, was ansteht.
Für die ungefähr 200ha Land, die er zur Bewirtschaftung hatte, hatte er im Schnitt 1000 Schafe in 3 verschiedenen Herden plus 1000-1800 Lämmer, je nach Jahr.
Als ich auf der Farm ankomme, begrüßen mich Jack und Buckle - zwei Landseer, die sich als irgendwas zwischen Wachhund und Empfangskomitee sehen. Zum Hüten der Schafe sind die beiden natürlich nicht da, aber wenn die Herden an gefährlicheren Stellen stehen, dann kann es sein, dass einer oder beide schon einmal auch über Nacht bei der Herde bleiben. Nachdem Jack und Buckle mich für O.K. befunden hatten, durfte ich mich auch ohne ihre Beobachtung auf der Farm bewegen. Robert fand ich im Stall inmitten seiner Border Collies. Ich zähle 8 an der Zahl; sie freuen sich, mich zu sehen, wirken dennoch ab dem ersten Moment sehr entspannt auf mich. Ich kann kaum glauben, dass diese Trantüten solche Höchstleistungen vollbringen sollen. Robert erzählt mir, dass das noch nicht alle Hunde sind. Die anderen sind entweder mit seinem Mitarbeitern

bei den Herden oder die Rentner sowie die ganz jungen Hunde sind im Bereich des Wohnhauses und genießen dort den Alltag mit Roberts Frau.
In den kommenden Tagen löchere ich Robert mit Fragen zu seiner Hundezucht und der Ausbildung. Ich will wissen, was ihm wichtig ist in den Bereichen und wie er es schafft, dass die Hunde so entspannt sind, egal, ob sie gerade an der Herde mitlaufen oder auf dem Hof abhängen.

Die Hunde sind die wichtigsten Mitarbeiter der Farm und Robert züchtet alle seine Hunde selbst. Meist wählt er dazu eine seiner Hündinnen aus und sucht einen passenden Rüden dazu aus. Hunde, die unruhig oder nervös sind, die sich nicht konzentrieren können und in der Arbeit an den Schafen hektisch werden, mit denen wurde nicht weitergezüchtet. Robert sagte: „Arbeiten können sie alle, wenn sie gut ausgebildet sind, aber einen Hund, der unruhig ist, der ist nicht zuverlässig genug."
Die Ausbildung der Hunde an der Herde beginnt mit ungefähr einem halben Jahr. Allerdings nicht so, wie ich mir das vorgestellt hatte. Wenn die Hunde zum ersten Mal mit an die Herde kommen, dann haben sie eine einzige Aufgabe, und die ist: Neben den Menschen liegen bleiben. Sonst nichts.

Robert erklärt den Grund dafür: „Die meiste Zeit an der Herde besteht aus Warten und Nichtstun. Wenn der Hund hier nicht schlafen kann und die ganze Zeit herumläuft, verbraucht er zu viel Energie und Konzentration. Wenn ich ihn dann brauche, ist er nicht mehr gut steuerbar und wird zu wild mit den Schafen. Das bringt auch Unruhe in die Herde."

Deswegen lernen die Hunde bis zu einem Alter von 2 Jahren zunächst nichts weiter außer ruhig an der Herde liegen.
Natürlich beobachten sie in der Zeit auch die älteren Hunde schon in der Arbeit mit den Schafen und schauen sich sicher schon das ein oder andere ab.
Wenn er Zeit hat, bringt der Schäfer den Hunden dann seine verschiedenen Signale bei: vorwärts, stop, links, rechts im Wesentlichen. Und erst dann arbeiten die jungen Hunde im Alter von 2-2,5 Jahren zum ersten Mal an der Herde.

Ein erwachsener Hund, der seinen Job aus dem FF beherrscht, hat bei Robert im Sommer ungefähr 3 Arbeitstage in der Woche. Er wechselt regelmäßig zwischen den Hunden, damit sie ausreichend Pausen haben. Die Arbeitstage bestehen meist aus 1-2 Stunden aktiver Arbeit an der Herde und sonst an der Herde liegen und schlafen. Ich bin völlig erstaunt, wie gut die Hunde zwischen Job und Pause umschalten können. Wenn sie gebraucht werden können sie aus dem Schlaf heraus sofort volle Leistung bringen. Aber genauso schnell können sie auch wieder abschalten. Wenn ihre Aufgabe beendet ist, gehen sie wieder zu Robert, legen sich hin und es dauert nicht lange, bis die Augen müde zufallen. Die Border Collies, die ich in Deutschland kennengelernt hatte, waren nie so gemütlich und sie brauchten nach einer Aufregung sehr lange, um wieder entspannt zu sein. Natürlich gab es auch einige Tage im Jahr, an denen Robert mit allen erwachsenen Hunden den ganzen Tag die Herde auf eine andere Fläche treibt. Aber auch hier achtet er darauf, dass anschließend Tage kommen, an denen die Hunde möglichst viel Ruhe haben.

Robert hält seine Hunde deswegen so, weil sie für ihn so die beste Leistung bringen. Er weiß, dass seine Mitarbeiter ohne ausreichend Schlaf und Pause nicht zuverlässig arbeiten können. Er tut das nicht aus reiner Freundlichkeit und weil er den Titel „Hundearbeitgeber des Jahres" gewinnen möchte, sondern weil er weiß, dass es notwendig ist, um lange Zeit einen zuverlässigen Hund zu haben.

Spannend, oder?
Was wir daraus für unsere Freizeithunde lernen können, dazu kommen wir später noch im Buch.
Eines ist klar: Die allgegenwärtige, ständige und tägliche Auslastung von Arbeitshunden kommt nicht von den Leuten, die wirklich auf Arbeitshunde angewiesen sind.

Auswirkungen von Stress auf Körper und Geist

Werfen wir nun einen Blick darauf, was eigentlich in unseren Hunden passiert, wenn sie (zu viel) Stress ausgesetzt sind. Wenn du hier den Durchblick hast, wirst du vieles, was ich später an Lösungsmöglichkeiten vorschlage, gut verstehen können. Oder vielleicht sogar, da du dann die Hintergründe kennst, um selbst passende Lösungen entwickeln zu können.

Was ist Stress überhaupt?
Mit dem Wort Stress wird in der Fachsprache gemeint, dass der Organismus durch äußere oder innere Reize zur Veränderung aufgefordert wird. Das kann eine ganz kleine Anpassung sein z.B. die Ohren etwas anders drehen, weil Wind oder Geräusche aus einer anderen Richtung kommen. Es können auch große Anpassungen sein, die den kompletten Körper in Bewegung bringen. Zum Beispiel ein lautes Geräusch, das den Hund so erschreckt, dass er weglaufen möchte, löst eine Reihe von körperlichen Reaktionen aus. Der Pulsschlag wird erhöht, die Muskelspannung steigt, die Pupillen weiten sich, die Bewegungen werden zackiger, die Atmung wird schneller usw.
Es ist sehr wichtig, dass der Körper sich immer wieder an die Reize/Anforderungen anpasst, denn nur so kann er überleben.

Jeder Organismus ist täglich einer Vielzahl von Stressoren ausgesetzt, die ihn zu einer Anpassung auffordern. Ob dieser Stress als negativ oder positiv empfunden wird, ist dabei eher subjektiv. Eines ist jedoch für alle gleich. Zu viel an Stress hat negative Auswirkungen für den Hund (genauso wie für uns Menschen). Die körperlichen Reaktionen, die damit einhergehen, sind immer dieselben, egal, ob der Stressor ein spaßiges Erlebnis ist oder nicht. Auch die hohe Anspannung in Vorfreude, oder wilden Spielsequenzen, die der Hund als angenehm empfindet, können sich negativ auswirken, wenn sie ein Normalmaß überschreiten.

Wann diese Anforderungen für den jeweiligen Organismus zu viel werden, hängt von sehr vielen Faktoren ab.
Neben der Rasse, dem Alter, dem Geschlecht und dem hormonellen Status und sogar der Fellfarbe (ja, wirklich!), spielen auch der Trainingszustand, die individuellen Lebenserfahrungen und der Charakter eine Rolle. Die Tagesform und auch ganz grundlegende Einflüsse wie die Außentemperatur, oder ob die Grundbedürfnisse des Hundes gedeckt sind, haben einen Einfluss.

Du kannst dir sicher vorstellen, dass ein siebenjähriger Bernhardiner, der vollgefuttert draußen in der Sonne liegt, mehr an Stress aushalten kann, als ein Jack Russel mit 6 Monaten, der im Winter schon 2 Stunden unterwegs ist und kein Frühstück bekommen hat.

Ich stelle mir das Kontingent, mit dem ein Hund problemlos mit Stress umgehen kann, gerne als Fass vor. Jede Anforderung gibt, mehr oder weniger, Wasser in das Fass hinein. Für jeden Hund ist dieses Fass unterschiedlich groß. Bei manchen hat man das Gefühl, sie hätten einen Swimming Pool und ließen sich niemals aus der Ruhe bringen. Bei anderen hingegen scheint das Fass eher ein Fingerhut zu sein und bei jeder ungewohnten Anforderung überzulaufen.
Wieviel Anforderung und Anpassung der Hund erfüllen kann, bevor er deutliche Stresssymptome zeigt, ist damit sehr individuell.

Stressphysiologie - Stresswirkung im Körper

Ist der Hund einem Stressreiz ausgesetzt, passiert sowohl auf körperlicher Ebene als auch in seiner Psyche jede Menge. Obwohl diese beiden Seiten der Wirkung nicht vollständig voneinander trennbar sind, möchte ich hier dennoch erst auf die rein körperlichen Auswirkungen eingehen.

Angenommen, dein Hund hat Probleme mit Hundebegegnungen an der Leine. Ihr trefft auf seinen Erzfeind, der Weg ist eng und auch der Hund gegenüber hat heute keinen besonders guten Tag. Die beiden pöbeln sich an, spielen sich richtig auf. Das ist unser Stressmoment, anhand dessen wir die körperlichen Auswirkungen genauer unter die Lupe nehmen wollen.

Die Reaktionen, die in so einer speziellen Situation auftreten, sind dem akuten Stress zuzuordnen. Im Gegensatz zu chronischem Stress, der eher die Summe des Stresszustands über einen längeren Zeitraum meint.

Kommt der Hund in akuten Stress, laufen eine Reihe von körperlichen Reaktionen ganz automatisch ab. Einige davon kannst du von außen beobachten, andere beeinflussen eher das Innere, zum Beispiel die Hormonproduktion.
Sieht der Hund nun seinen Erzfeind, wirst du beobachten können, dass seine Atmung schneller wird oder er sogar hin und wieder die Luft anhält, er wird staksiger laufen, weil die Muskelspannung deutlich zunimmt. Würdest du deinen Hund von vorne sehen, könntest du vergrößerte Pupillen beobachten und auch den schnelleren Herzschlag würdest du bei genauerem Hinspüren bemerken.
Der gesamte Körper des Hundes wird in einen Alarmzustand versetzt. Das

sorgt dafür, dass er schneller reagieren kann. Egal, ob die Reaktion Flucht oder Angriff bedeutet.

Was im Körper passiert, ist nicht weniger schnell, aber noch sehr viel spannender. Denn auch wenn nach der Erzfeindbegegnung der erhöhte Puls und die Atmung sowie die Muskelspannung relativ schnell wieder weg sind, wirken die Folgen dieser einen Begegnung noch lange nach. Während des akuten Stresszustandes ist der gesamte Körper auf Kraft, Schnelligkeit und Überleben gepolt. Die Durchblutung wird ins Herz und die Muskulatur gelenkt, die Verdauung wird heruntergefahren, das Denken wird heruntergefahren, Instinkte übernehmen. Damit der Körper in diesen Alarmzustand versetzt werden kann, wird ab der ersten Sekunde der Begegnung Adrenalin produziert. Adrenalin kennst du von dir selbst, das ist das, was durch den Körper strömt, wenn du Achterbahn fährst.
Doch die Adrenalinproduktion stoppt nicht mit dem Ende der Begegnung, sondern läuft noch ca. eine Stunde nach der akuten Situation weiter.
Im weiteren Verlauf wird Adrenalin in verschiedene andere Hormone umgewandelt und dann wieder abgebaut. Hier möchte ich gar nicht ins Detail gehen. Wichtig ist, dass du verstehst, wie lange es dauert, bis die hormonellen Folgen einer Stresssituation körperlich wieder vollständig abgebaut sind.

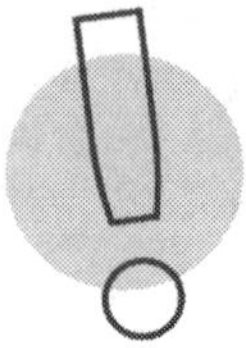

Das ist wirklich lang! Bis zu 7 Tage kann es dauern, bis Adrenalin und die Folgehormone wieder vollständig im Körper abgebaut wurden. 7 Tage wegen nur einer Situation!

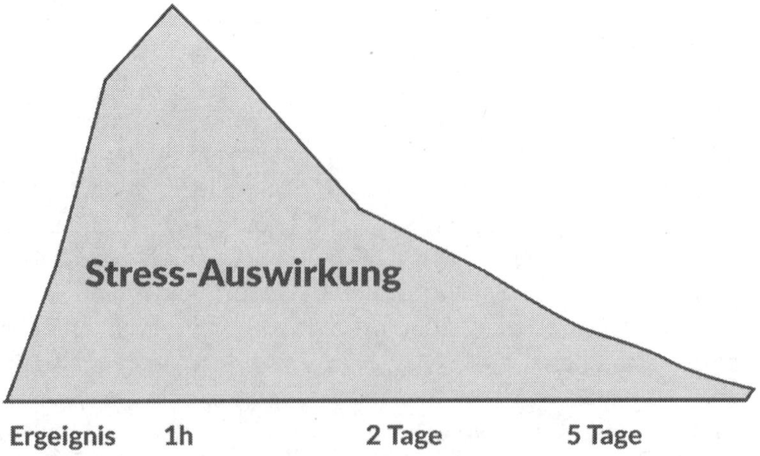

Das bedeutet, die Wirkung einer solchen Erzfeindbegegnung (oder anderen Stressmomenten) ist nicht nach einer Stunde vorbei, sondern der Hund trägt sie noch in den folgenden Tagen in sich.
Mit einer einzigen solchen Situation hat selten ein Hund so starke Probleme, dass die Auswirkungen in den folgenden Tagen auch im Verhalten sofort spürbar wären. Allerdings ist in unserem Alltag auch selten nur ein einzelner Stressmoment und anschließend wieder Entspannung zu finden. Häufiger summieren sich die Stressoren und das Adrenalinlevel kumuliert sich.

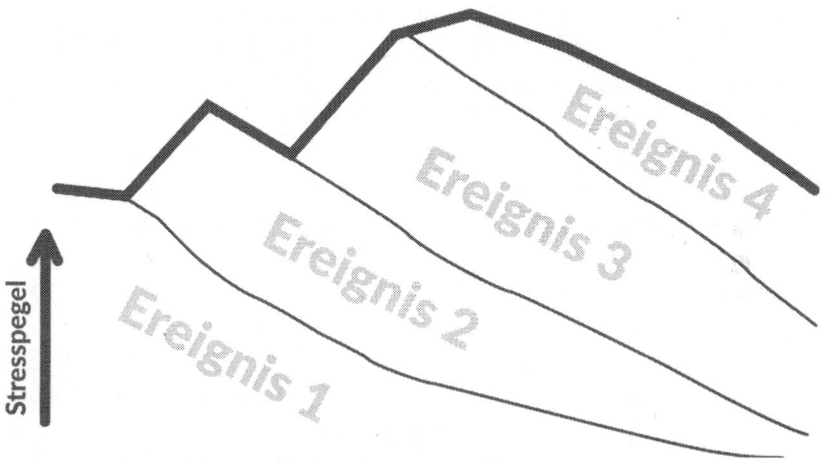

Je mehr Stressmomente zusammenkommen, desto höher wird das Stresslevel insgesamt. Das Fass wird immer voller und irgendwann reicht eine kleine Situation, die das Fass zum Überlaufen bringt. Das sind oft Momente, in denen du vielleicht denkst, dein Hund würde völlig überreagieren. Diese Reaktion hat dann meist wenig mit dem Auslöser zu tun, der gerade offensichtlich ist, sondern mehr mit all denen, die vorher Wasser in das Fass gefüllt haben.
Dauern solche Stressphasen über einen längeren Zeitraum an, machen sich auch die langfristigen Folgen körperlich bemerkbar. Man spricht dann von chronischem Stress.
Das bedeutet konkret, dass der Hund sich schlechter konzentrieren kann, weil das Hirn ständig im Notfall-Modus ist und auch, dass der gesamte Verdauungstrakt dauerhaft außerhalb seines Gleichgewichts ist. Die erhöhte Magensäureproduktion ist für den einzelnen Stressmoment sinnvoll und hilfreich, führt auf die Dauer aber zu Problemen. Ein ständig erhöhter Puls und Blutdruck wirkt sich auf das Herz aus. Die hohe Muskelspannung sorgt für Verspannungen, Schmerzen und anderen Bewegungsabläufen, die langfristig auch im Bewegungsapparat Schäden verursachen können.

Die körperlichen Probleme sind wiederum neue Stressauslöser und lassen das Fass für ertragbaren Stress immer weiter schrumpfen. Die Spirale dreht sich abwärts.

Gut ist - dieselben Effekte, die die Spirale nach unten drehen können, sind es auch, die wir beeinflussen können, um den Stress langsam abzubauen.
Hier gibt es drei Möglichkeiten, die wir uns alle auch im Buch noch genauer anschauen werden.
Möglichkeit eins ist offensichtlich: Die Anzahl der Stressauslöser sollte so reduziert werden, dass der Hund damit umgehen kann und die Masse nicht über das individuelle Maß an ertragbarem Stress hinausgeht.
Die zweite Möglichkeit, ist mit dem Hund an den Situationen zu arbeiten, die ihm großen Stress bereiten. Insbesondere, wenn sie im Alltag unvermeidbar sind, ist das unumgänglich, um auch langfristig den Stress für den Hund im angemessenen Pegel zu halten.
Und Möglichkeit drei ist den Hund so im gesundheitlichen Gleichgewicht zu unterstützen, dass sein „Stressfass" auf Dauer etwas größer wird. Die passende Ernährung für den jeweiligen Hund und abgesicherte Gesundheit sind wichtige Pfeiler auf dem Weg für ein entspannteres Leben.

Alle drei Möglichkeiten haben eines gemeinsam: Sie benötigen Zeit. Es braucht Zeit herauszufinden, was dem einzelnen Hund besonders gut hilft. Und es braucht Zeit, damit die langfristigen Stressfolgen sich wieder abbauen können. Häufig erwarten wir Menschen zu schnelle Erfolge. Wenn ein Hund aber bereits seit Jahren ein überdrehtes und stressbeladenes Leben kennt und damit genau dieses Verhalten übt, wäre es ein Wunder, wenn er innerhalb weniger Wochen völlig gelassen sein kann.
Geduld und Zeit sind wichtig! Sowohl in akuten Stresssituationen als auch auf dem gemeinsamen Weg kommst du mit kleinen Schritten auf lange Sicht an dein Ziel.

Auswirkung von Stress auf das Verhalten des Hundes

Die Stressfolgen, die sich deutlich bemerkbar machen, sind die psychischen. Wie jeder Hund (und auch Mensch) auf Stress reagiert und welche Effekte zuerst oder besonders intensiv nach vorne treten, ist dabei immer unterschiedlich und auch typabhängig. Diese kannst du sicher auch selbst gut nachvollziehen. Denn bei uns Menschen wirkt Stress im Grunde genauso wie bei den Hunden.
Fragt dich einmal selbst, wie du dich verhältst, wenn du unter Stress stehst? Wirst du geduldiger und gleichmütig, fällt dir Lernen in dem Moment leicht, kannst du dich gut konzentrieren, oder ist es eher das genaue Gegenteil? Deinem Hund geht es ganz genauso.
Was schon in kurzen Stresssituationen deutlich sichtbar wird, sind die Konzentrationsschwierigkeiten. Dein Hund wird schlechter ansprechbar und kann deine Signale viel schwerer umsetzen als in entspannten Momenten. Vielleicht braucht er drei deutliche Aufforderungen, um zu dir zu kommen, wo er sonst schon auf ein lässiges Winken hin zu dir zurückläuft. Oder er setzt sich vielleicht kurz hin, wenn du ihn darum bittest, steht aber schon nach kurzer Zeit wieder auf, weil er sich nicht so lange konzentrieren und zurücknehmen kann.
Das beeinflusst auch die Fähigkeit in diesem Moment etwas Neues zu lernen. Wenn ich mit einem Hund etwas Neues erarbeite, während er voller Adrenalin ist, ist die Wahrscheinlichkeit, dass er sich das merken und verarbeiten kann, eher gering.
Damit einher geht eine gewisse Kopflosigkeit, die dazu führt, dass auch normalerweise sehr vorsichtige Hunde beim Vorbeilaufen plötzlich Menschen anrempeln oder angefangene Handlungen nicht zu Ende bringen.

Wenn jemand sehr aufgeregt und nervös ist, dann sagt man oft: „Er ist außer sich“ oder auch „Er steht neben sich“. Beides gibt in der wörtlichen Bedeutung einen Hinweis auf den nächsten Punkt, der sich im Verhalten unter Stress zeigt. Die Körperwahrnehmung ist eingeschränkt, bzw. bei einigen Hunden dann gar nicht mehr vorhanden. Sie bewegen sich anders als zuvor, reißen vielleicht mit der Rute eine Vase vom Tischchen, weil sie nicht mehr spüren, wo sie anfangen und wo ihr Körper endet. Sie spüren auch ihre eigenen körperlichen Grenzen nicht mehr und überlasten ihren Körper unbewusst. Wilde Rennspiele führen dann nicht selten zu Verletzungen, oder sie machen so lange weiter, bis sie völlig erschöpft sind und der Kreislauf streikt. Das typische wilde Ballspiel des Jack Russels ist dafür ein gutes Beispiel. Sicher hast du so einen Terrier schonmal dabei beobachtet wie er stundenlang und völlig aufgedreht einem Ball hinterherrennt. Bei solchen „Spielen“ - die übrigens für den Hund nicht wirklich spaßig sind, sondern der pure Stress, aus dem sie nicht selbst aufhören können - gab es schon häufig Verletzungen an Bändern oder herausgesprungene Kniescheiben. Häufig ist es dann auch so, dass die Hunde in dem Moment den Schmerz nicht einmal spüren, sondern erst später. Das liegt am Adrenalin, das durch den Körper fließt. Denn wenn es ums Überleben geht, ist es hilfreich, wenn ein umgeknickter Fuß die Flucht nicht aufhält. Obwohl es in unserem Umfeld für die Hunde nur in Ausnahmesituationen wirklich ums Überleben geht, kommt bei zu viel Stress dieser Effekt trotzdem auf.

Geduld und Gelassenheit sind Stichworte, die man unter Stress wohl nur selten als Eigenschaften von Menschen und Hunden findet. Erinnere dich an das letzte Mal, wo du dringend Urlaub brauchtest, warst du da verständnisvoll mit den Wesen in deiner Umgebung, oder hast du schnell mal genervt reagiert? Konntest du in schwierigen Momenten bewusst ruhig durchatmen und eine Lösung finden, oder hast du so reagiert, wie du es in entspannter Stimmung nicht tun würdest?
Bei unseren Hunden äußert sich das oft in erhöhter Aggressivität und auch Impulsivität. Zum Beispiel in Kommunikation mit einem fremden Hund kommt es dann dazu, dass die Reaktion auf ein nicht ganz angemessenes Verhalten extrem gereizt ausfällt und die Situation sich hochschaukelt. Wohingegen ein entspannter Hund auch mal über eine Unhöflichkeit des Gegenübers hinwegsehen kann.
Oder ein Geräusch, das für den entspannten Hund kein Grund zur Aufregung bedeutet, kann unter Stress Auslöser für ein minutenlanges Bellkonzert sein.

Ein weiterer spannender Punkt in dem Zusammenhang ist auch, dass im Notfallprogramms des Hirns, das im Stress eingeschaltet wird, auch die Hirnareale unterschiedlich gesteuert werden. Im Stress hat das Stammhirn deutlich mehr Einfluss auf das Verhalten als andere Hirnareale, die Erfahrungen und Lernerlebnisse speichern. Das Stammhirn ist Sitz der Instinkte, Reflexe und Triebe. Handlungen, die hier gesteuert werden, verlaufen instinkthaft und ohne große Zeitverzögerung.
So kann es sein, dass ein Hund, der eigentlich schon gelernt hat, bei jagdlichen Reizen ruhig zu bleiben, unter Stress dann doch hinter dem weglaufenden Reh hinterherrennt. Für Abstimmung und Kooperation mit dem Menschen ist dann gar keine Zeit mehr, denn bis dieser Teil des Hirns nachdenken kann, ist der Hund schon losgelaufen. Wohingegen in entspannterem Zustand zwischen dem Reiz und der Reaktion noch genügend Zeit bleibt, um die Reaktion zu durchdenken und für einen Moment innezuhalten.
Zu den Instinktverhaltensweisen gehören auch die Ängste. Hunde, die Furcht vor bestimmten Geräuschen oder Gegenständen zeigen und sich dort reinsteigern, tun dies in der Regel viel eher, wenn sie gestresst sind.

Eine Wirkung, die wir auch bei uns Menschen eher dem langfristigen Stress zuordnen, ist ein gestörter Schlaf-Wachrhythmus. Wer viel Stress im Beruf hat, der kann Abends oft nur schwer zur Ruhe kommen, die Gedanken kreisen und der Puls bleibt immer schnell; an Schlafen ist lange nicht zu denken. Tagsüber zeigt sich häufiger Erschöpfung, aber auch dann ist ein langer erholsamer Schlaf nicht möglich. Bei jedem Geräusch oder anderer kleiner Störungen wacht man wieder auf. Der Schlaf an sich ist wenig erholsam und bleibt häufig an der Oberfläche. Die Tiefschlafphasen sind oft geprägt von wilden Träumen, die versuchen, viel zu viele Eindrücke in zu kurzer Zeit zu verarbeiten. Das lässt sich eins zu eins auf den Hund übertragen. Oft hat man dann das Gefühl, dass ein völlig übermüdeter Hund sich schon selbst wachhält, weil jede kleine Veränderung ihn am Schlafen hindert.
Hast du schon einmal über längere Phasen nicht ausreichend schlafen können? Ich vermute, jeder von uns kann sich hineinfühlen, dass dieser Zustand nicht dafür geeignet ist, um intensiv an seinem eigenen Verhalten in Konflikten zu arbeiten, oder neue Erkenntnisse zu erlangen und eine Doktorarbeit darüber zu schreiben.

Wer unter Schlafmangel leidet, braucht Schlaf und keine Anti-Aggressionstherapie.

Auf den letzten Seiten hast du einen Rundumblick über die Ursachen und Auswirkungen von Stress beim Hund bekommen.
Vielleicht hast du jetzt schon eine grobe Idee, wo du mit deinem Hund ansetzen kannst, um euch ein entspannteren Alltag zu ermöglichen. In den folgenden Kapiteln steigen wir ins Detail ein und ich berichte dir von Erfahrungen mit meiner eigenen Hündin und den Vierbeinern meiner Kunden. Nach und nach wird sich für dich ein Gesamtbild entwickeln und du wirst weitere Ansätze erkennen, die dir und deinem Hund helfen können.

Vielleicht möchtest du dich bei eurer Reise zur Entspannung von einem Kalender begleiten lassen, den ich als ideale Ergänzung zu diesem Buch gestaltet habe.

Er kann als eine Art Arbeitsbuch dienen und euch bei allen Schritten in Richtung entspannter Hundealltag optimal unterstützen. Im dritten Abschnitt des Buches erwähne ich verschiedenen Möglichkeiten, wie du all das neue Wissen in euren Alltag integrierst und euren Weg findest. Das Tagebuch schafft den Raum, damit du dranbleiben kannst und Freude dabei hast.

Erfahre mehr dazu auf der Website zum Buch.

Hintergrundwissen
ab Seite 5
Wege zur Entspannung
ab Seite 29
Euren Weg finden
ab Seite 105

Teil 2 - Der Weg zu mehr Entspannung

„Was soll ich denn jetzt tun, wenn ich meinem Hund helfen möchte, mehr Ruhe in seinem Alltag zu finden?“, fragst du dich jetzt vielleicht. In diesem Bereich des Buches stelle ich dir ganz verschiedene Elemente vor, die jedes für sich ein Stück mehr an Entspannung bringen können.
Ganz wichtig dabei ist, dass es nicht DAS eine Zaubermittel geben wird, was euch auf einen Schlag zu einem völlig gelassenen Team macht.
Schnelle Lösungen haben selten nachhaltig einen Effekt. Stell dir vor, du möchtest eine neue Routine in deinen Tagesablauf aufnehmen - z.B. 30 Minuten Meditation oder Sport vor der Arbeit - dann hast du bestimmt schon die Erfahrung gemacht, dass das Zeit braucht. Und Kreativität, um die neuen Dinge so zu integrieren, dass du sie umsetzen kannst.
Daher stelle auch für deinen Hund nach und nach die Elemente um, bei denen dein Bauchgefühl sagt, dass sie für euch zumindest probierenswert sind. Gib den Veränderungen den Raum um zu wirken und auch die längerfristigen Effekte zu zeigen.
Ich zeige dir ganz verschiedene Wege, wie du bestimmte Veränderungen einbauen kannst. Diese kannst du, wenn du möchtest, erst einmal so ausprobieren und dann für dich und deinen Hund so anpassen, dass sie euch helfen.

Genauso verschieden wie du und dein Hund und euer gemeinsamer Lebensentwurf von dem anderer Mensch-Hund-Teams sind, gilt es auch, individuelle Lösungen zu entwickeln.
Was bei dem einen Hund den Durchbruch bringt und sich als besonders wertvoll herausstellt, kann beim nächsten im Alltag in der Form gar nicht umsetzbar sein. Jede Lösung, die langfristig zum Ziel - einen gelassenen Hund - führt, ist individuell passend.

Am Ende entsteht ein Puzzle aus ganz vielen kleineren und größeren Veränderungen, die zusammengenommen hilfreich sind. Die einzelnen Puzzleteile haben jedes für sich schon ihre eigene Wirkung, entfalten aber gemeinsam erst ihr volles Potential.

Die Erfahrung der letzten Jahre hat mir gezeigt, dass es im Wesentlichen 3 große Einflussbereiche gibt, denen wir unsere Beachtung schenken sollten. Das sind:

- Verhalten (Alltagsveränderungen & Training)
- Ernährung
- Gesundheit

Über Ernährung und Gesundheit werde ich einige grundlegende Hinweise am Ende dieses Abschnittes geben; hierbei werden wir aber nicht in die Tiefe gehen. Das sind Themen, die eigene Bücher füllen können, die zu schreiben, ich lieber den Experten in diesen Gebieten überlasse.

Rund um den Komplex Verhalten gibt es aus meiner Perspektive - also der einer Hundetrainerin und eines Menschen, der mit einem sehr sensiblen und schnell gestressten Hund zusammenlebt - sehr viele Elemente, die sich verändern lassen um eine positive Wirkung zu erzielen.

Damit du einen groben Überblick bekommst, welche Bereiche wir uns im weiteren Verlauf des Buches anschauen, möchte ich dir von der Entwicklung meiner Hündin und mir erzählen.

Alma - meine Seele

Als ich sie kennenlernen durfte, war Alma gerade drei Jahre alt und war Teil einer wunderbaren Familie. Wir trafen uns zum gemeinsamen Spaziergang im Münchner Olympiapark, damit wir uns ein Bild voneinander machen konnten, denn ihre Familie suchte einen Hundesitter für die Gelegenheiten, in denen Alma nicht mitfahren konnte.

Wir alle waren uns sofort sympathisch und so war es schnell abgemachte Sache, dass ich als Ersatzfamilie einspringe, wann immer „Not am Mann" war. Schon auf den ersten Spaziergängen fiel mir auf, in welchem Tempo Alma lief. An der Leine musste sie sich unglaublich anstrengen, um nicht zu ziehen. Egal ob im Freilauf oder an der Leine, sie lief immer im jeweils höchstmöglichen Tempo in Kreisen um mich herum.
Sie war dabei ansprechbar und kam sofort zurückgerannt, wenn man sie gerufen hat. Sie konnte auch Stopp auf Entfernung und alle Signale, die man häufig bei einem „richtig gut erzogenen" Hund voraussetzt. Sobald das Tempo hoch war, war sie zufrieden mit der Situation. Wurde es allerdings langsamer, sie sollte kurz warten oder in ruhigen Momenten waren Geräusche zu hören, dann war sie so überfordert mit der Situation, dass sie ständig bellte und in einer anderen Welt verschwand, in der sie für uns Menschen nicht mehr erreichbar war. Sobald sie angefangen hatte zu bellen, nervte sie sich selbst mit ihrem Lärm und kam aus diesem Status nur sehr schwer wieder heraus.

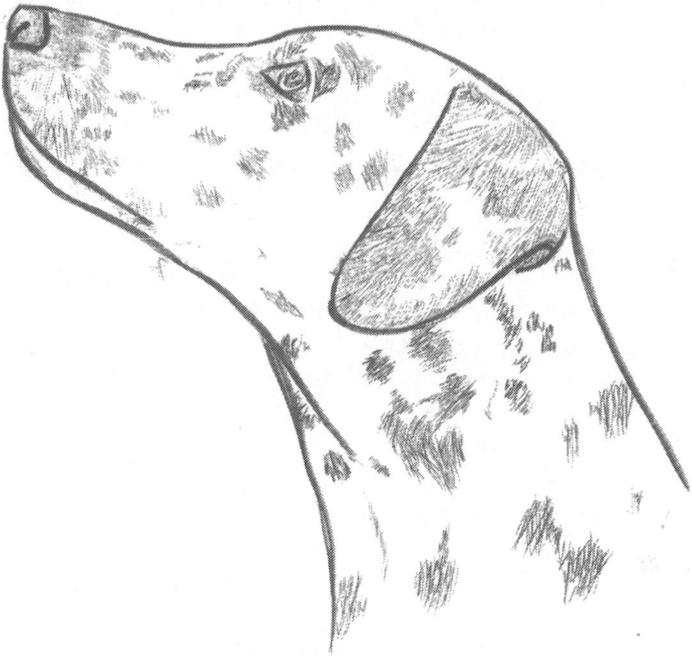

Da ich mich zu der Zeit gerade am Ende meiner Trainerausbildung befand, kannte ich in der Theorie sehr viele Ansätze, um damit umzugehen. Die Praxis sah anders aus. Zusätzliches Training für Impulskontrolle oder ähnliche Versuche führten im Alltag zu immer mehr Aufregung, aber nicht zur erwünschten Gelassenheit.
In meinem Appartement in einem 8-stöckigen Haus war es eine echte Herausforderung in einer nachbarfreundlichen Lautstärke zum Spaziergang aufzubrechen.
Mein Gefühl sagte mir, dass sie Ruhe braucht statt noch mehr Übung und Training. Immer wenn sie bei mir war, fuhr ich unser Pensum soweit runter, wie es möglich war und sorgte dafür, dass sie viel schlief. Das sorgte dafür, dass ich einige Wochenenden eng aneinander gekuschelt mit ihr auf der Couch verbrachte und mich in Literatur zum Thema Stress beim Hund vertiefte. Denn nur wenn ich mich nicht bewegte und sie ganz nah bei mir sein konnte, war es Alma möglich tagsüber wirklich zu entspannen und zu schlafen.
Selbst im Schlaf waren ihre Muskeln bretterhart und ihr Ruhepuls war auf einer auffällig hohen Schlagzahl. Beim kleinsten Geräusch, oder sobald ich aufgestanden bin, war sie wieder hellwach.

Ihre erste Familie bemerkte, dass sie nach Wochenenden bei mir auch in den kommenden Tagen ruhiger war als sonst. Das tat gut, denn mit Kleinkind und durchgeknalltem Hund in der Innenstadt war der Alltag immer ein Drahtseilakt.
Im Familienalltag war es allerdings gar nicht so einfach, dieses Ruheprogramm umzusetzen, was Alma brauchte um langsam zu entspannen. Daher entschieden wir, dass sie häufiger bei mir zum Wellnessprogramm einzieht. Das war für uns alle eine tolle Lösung.

In einer Fortbildung zum Thema Gesundheit und Verhalten ging mir dann ein Licht auf. Ich war mir, nachdem ich von verschiedenen Symptomen erfahren hatte, von denen viele auf Alma zutrafen, nahezu sicher, dass gesundheitlich eine Baustelle vorhanden war. Alle Hinweise zeigten in Richtung Schilddrüsenunterfunktion. Nach diversen Bluttests hat sich diese Vermutung bestätigt und wir hatten damit ein weiteres Puzzleteil gefunden. Nach der medikamentösen Unterstützung hat Alma einen richten Sprung gemacht und war deutlich entspannter. Auch wenn sie noch immer nicht auf dem Level eines „normal gelassenen" Begleitunghundes war, gab es eine deutliche Erleichterung im Alltag.

Über etwas mehr als 2 Jahre war Alma quasi ein Patchworkhund und verbrachte zunehmend mehr Zeit bei mir. Auch wenn der Alltag für Hund und Familie schon deutlich stressfreier war als vorher, war es mit Alma doch immer wieder schwierig. So entschieden wir gemeinsam, dass es für alle die beste Lösung wäre, wenn die Punktedame langfristig ganz zu mir zieht.

In den folgenden Monaten habe ich gemeinsam mit Alma immer wieder optimiert, was für sie und mich am besten funktioniert. Der erste Urlaub war eine Katastrophe, denn obwohl sie im Alltag schon gut klarkam, waren solche Ausnahmesituationen für sie immer noch ein echter Kraftakt.
Wir haben über die Zeit die Ernährung angepasst, so dass sie genau zu Alma passt und sie auch in ihrer Ausgeglichenheit unterstützt.
Immer wieder feilen wir an Kleinigkeiten und verändern Dinge so, dass sie für Alma und mich gut passen.
Heute - 3 Jahre später - sind sogar absolute Ausnahmesituationen wie ein 4-wöchiger Urlaub mit ständigen Ortswechseln oder unser Umzug für uns machbar gewesen. Ich merke ihr natürlich an, dass die Aufregung irgendwann auch ihre Wirkung zeigt und das Nervenkostüm dünner wird. Aber das geht mir in solchen Phasen genauso.

Der Weg vom aufgedrehten Nervenbündel zum großteils entspannten Hund im normalen Alltag hat bei uns ungefähr 2 Jahre gedauert.
In den letzten Jahren habe ich viele solcher Hunde und ihre Menschen auf diesem Weg begleitet und möchte dir jetzt all die Möglichkeiten zeigen, die bei der Entspannung helfen.

Die Puzzleteile, die wir uns genauer anschauen werden, sind:

- weniger Stress im Alltag & mehr Schlaf
- ruhige Spaziergänge
- die passende Beschäftigung
- das eigene Stresslevel
- Problemverhalten trainieren
- Gesundheit und Ernährung

Und los geht es - hinein in die wunderbare Welt der Entspannung!

Schlafen ist Trumpf - Wer viel schläft, findet Gelassenheit

Hast du bereits die Chance gehabt, freilebende Hunde zu beobachten? Egal ob es Straßenhunde sind, oder andere wildlebende Rudel, ich wette du hast viele davon beim Herumliegen sehen können. Egal, ob live oder auf dem Bildschirm. Wenn Hunde sich ihren Tagesablauf selbst aussuchen können, dann besteht er zu über 80% aus Ruhe und Schlafen. Klingt viel, oder? Hast du schon einmal einen hyperaktiven freilebenden Hund gesehen? Ich nicht. Meist sind diese Hunde sehr effizient in ihren Handlungen und wissen genau, wie sie ihre Energie einsetzen. Bewegung kommt nur dann in den Ablauf, wenn es um Nahrungsversorgung geht.

Lass uns hier noch etwas genauer eintauchen. In der großartigen Forschung über die sogenannten Pizza-Hunde von Günther Bloch können wir sehr viel über das Sozialverhalten der Hunde lernen. Wir erfahren aber auch jede Menge darüber, wie Hunde den Tag verbringen, wenn wir Menschen uns nicht einmischen.
Da der selbstgewählte natürliche Tagesrhythmus selten überdrehte und aufgeregte Hunde hervorbringt, lohnt es sich für uns herauszufinden, wie wir das für uns nutzen können, damit auch in unserem menschlichen Alltag ein gemütliches Leben für alle Beteiligten möglich ist.

Der Tag eines Hundes lässt sich im Wesentlichen in drei Bereiche einteilen. Ruhe und Schlaf, Nahrungsbeschaffung und Fressen, Zeit für die Familie. Dabei widmen sie im Durchschnitt ungefähr eine Stunde täglich der sozialen Interaktion, drei Stunden der Nahrungsbeschaffung und dem Fressen und der Rest - also 20 Stunden täglich - sind der Ruhe gewidmet.
Die 20 Stunden Ruhephasen am Tag sind nicht komplett dem Tiefschlaf zugeordnet. Es ist nicht so, dass die Hunde den kompletten Tag wirklich verschlafen. Vielmehr teilt es sich auf in entspanntes Abhängen und tatsächliches Schlafen.
Wenn dir das sehr viel erscheint und du das fast nicht glauben kannst, dann lass uns noch tiefer einsteigen und herausfinden, warum die Hunde so viel mehr schlafen als wir Menschen.

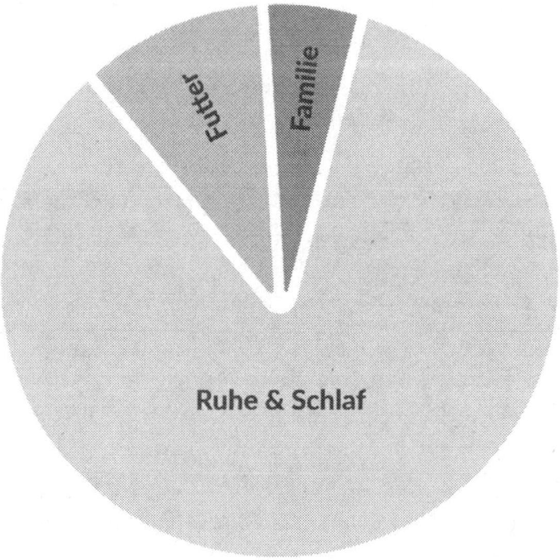

Unsere Hunde gehören biologisch gesehen zu den Raubtieren. Genauso wie zum Beispiel Katzen decken sie ihren Energiebedarf über die Jagd. Die Beschaffung von Nahrung ist damit sehr aufwändig. Wer klug ist und lange überleben möchte, der sorgt dafür, dass er möglichst keine Energie durch sinnloses Herumlaufen verschwendet, denn dieser Bedarf müsste über zusätzliche Nahrung ausgeglichen werden.
Bei Katzen ist uns Menschen das völlig klar. Wenn eine Katze den ganzen Tag verschläft und sich von einer Ecke in die nächste rollt, wundern wir uns nicht darüber, ob sie auch wirklich genug ausgelastet ist.

Bei den Hunden hat sich in den letzten Jahrzehnten eine andere Überzeugung festgesetzt. Wann immer dir das Schlafbedürfnis deines Hundes also sehr hoch vorkommt, erinnere dich daran, dass er von seinem Energiehaushalt her einer Katze sehr ähnlich ist.

Der zweite Grund, warum Hunde so viel mehr Schlaf brauchen als wir Menschen, ist, dass die Tiefschlaf- und Traumschlafphasen bei ihnen deutlich kürzer sind als bei uns.
Traumschlaf - also REM Phasen (Rapide Eye Movement) - dienen dazu, das Gehirn zu entlasten. In diesen Phasen werden Erlebnisse des Alltags verarbeitet und gespeichert.
Tiefschlafphasen dienen der Erholung und Regeneration des Körpers. Hier werden Entgiftung und „Reparatur" angestoßen und die Organe können notwendige Prozesse durchführen, die sie im Wachzustand des Körpers nicht leisten können.
In diesen beiden Phasen verbringen Menschen ca. 45% der gesamten Schlafzeit.
Beim Hund sind das nur ungefähr 20-30%. Das bedeutet, der Schlaf des Hundes ist vergleichsweise weniger erholsam als der des Menschen; folglich muss der Hund mehr schlafen, um die gleiche Erholung zu erhalten.

Betrachten wir die Bedeutung der REM Phasen noch einmal etwas praktischer im Vergleich von zwei möglichen Tagesabläufen.

Ella ist eine entspannte, erwachsene Rottweilerhündin, ihr Alltag ist ruhig. Sie lebt in einem Dorf am Waldrand und sie bewacht ihren Hof. Hin und wieder kommen Besucher vorbei und abends, wenn die Gänse und Esel wieder in den Stall geholt werden, ist sie hellwach und hilft tatkräftig mit. Meistens ist es jedoch recht ruhig bei ihr und sie genießt es, in der Nähe ihrer Menschen ihre vielen Schläfchen am Tag zu machen.
Ella nimmt im Verhältnis zu ihren Schlafphasen angemessen viele Reize auf. Dadurch, dass immer wieder Schlafphasen im Tag verteilt sind, kann ihr Gehirn alle Erlebnisse direkt verarbeiten und abspeichern. Das Gehirn bekommt also bildlich gesprochen genauso viele Aufträge, wie es auch verarbeiten kann, manchmal sind sogar noch Verarbeitungskapazitäten frei. Ganz konkret gehen wir davon aus, dass sie am Nachmittag von 6 Stunden 2 Stunden wach ist und 4 Stunden schläft.

Henry ist ein Schnauzermischling und lebt mit seiner menschlichen Familie in einer Kleinstadt. Er ist noch jung und nimmt sich alle Veränderungen sehr zu Herzen. Wenn eine neue Situation aufkommt, braucht er lange, um sich daran zu gewöhnen und zu arrangieren. Vormittags geht er mit Frauchen ins Büro und am Nachmittag nimmt ihn Herrchen mit, um gemeinsam mit den Kindern den Nachmittag zu verbringen. Dadurch, dass er soviel unterwegs ist und es ihm schwerfällt im Trubel zu schlafen, schläft er deutlich weniger als Ella. In denselben 6 Nachmittagsstunden ist er 4 Stunden wach und hat damit nur 2 Stunden Zeit für Ruhe.

In den Phasen, in denen er wach ist, nimmt er dann automatisch auch mehr Reize auf als Ella, die diese schlichtweg verschlafen würde. Henrys Gehirn muss mit deutlich weniger Zeit deutlich mehr „Aufträge“ bearbeiten. Es ist überlastet und Henry gerät dadurch in Stress. Ein klein wenig mehr Schlaf tagsüber würde sogar zweifach mehr Entspannung bringen, denn sein Gehirn hätte weniger Aufträge und dafür sogar mehr Zeit zur Verfügung.

Ella

Henry

Wieviel Schlaf der einzelne Hund braucht, hängt also auch davon ab, wie intensiv sein Hirn die Außenreize verarbeiten muss. Ein Welpe oder Junghund, der gerade das Leben lernt, muss viel intensiver über die Begegnung mit einer Kuh nachdenken, als ein erwachsener Hund, der auf dem Bauernhof groß geworden ist. Für alle neuen Erfahrungen wird prinzipiell mehr Verarbeitungsschlaf benötigt als für Alltagsabläufe, die der Hund schon lange kennt. Auch körperliche Beschwerden fordern mehr Schlaf ein. Und natürlich ist es auch charakterabhängig ob ein Hund sehr gelassen Neuem gegenüber ist, oder lange Zeit braucht, um sich darauf einzustellen.
Die 20 Stunden Ruhe - inklusive Schlafphasen - sind damit ein Richtwert, der sicher nicht für alle Hunde gilt.

Bei Welpen darf es gern etwas mehr sein, gelassene erwachsene Hunde kommen vielleicht auch mit 16 Stunden aus.

Eine große Abweichung von der durchschnittlichen Schlafdauer ist für Hunde genauso ungesund wie für uns Menschen. Schläft ein Hund im Schnitt nur 10-12 Stunden am Tag, ist das ungefähr gleichzusetzen mit einem Menschen, der dauerhaft nur 4 Stunden schläft. Das bedeutet, ein Hund, der tagsüber die meiste Zeit mit den Menschen wach ist, schläft definitiv viel zu wenig. Das trifft auf sehr, sehr viele Familienhunde zu! Kurzfristig, wenn es sein muss, ist das sicher möglich; auf die Dauer gleichzeitig ungesund und für unsere Laune nicht zuträglich. Wie hast du dich gefühlt, als du das letzte Mal deutlich zu wenig geschlafen hast? Genauso geht es deinem Hund auch.

Bei vielen Hunden, die ich in den vergangenen Jahren begleitet habe, war ein großer Teil der Ursache für das aufgedrehte oder unerwünschte Verhalten in deutlich zu wenig Schlaf zu finden. Das ist auch nicht verwunderlich, denn wir Menschen schlafen deutlich weniger als unsere Hunde. In unserem menschlichen Alltag kehrt selten so viel Ruhe ein, dass zwischendurch wirklich so viele Ruhepausen für den Hund möglich sind. Gerade in einer Familie herrscht oft ein ständiges Kommen und Gehen, was den Hund (wenn er es nicht gelernt hat) immer wieder zum Wachbleiben animiert. So kommt es ganz schnell dazu, dass der Hund zu wenig schläft. Denn wer von uns hat einen Hund, der von sich aus „die Tür hinter sich schließt" und uns ein „Mir wird es zu viel, ich gehe mal schlafen" zuruft?! Wenn du so einen Hund hast, der von sich aus richtig gut zur Ruhe kommt... Herzlichen Glückwunsch! Wahrscheinlicher ist aber - wenn du dieses Buch liest -, dass dein Hund ein wenig Unterstützung brauchen kann.
Und wie diese Unterstützung aussehen kann, das verrate ich dir auf den nächsten Seiten. Die Hilfsmittel für mehr Entspannung drinnen, die ich dafür als sehr hilfreich erlebe, sind die Ruhezone, ein Entspannungssignal und die passenden Ruherituale. Kurz- und mittelfristig kann erreicht werden, dass der Hund mit Unterstützung mehr Ruhe findet und langfristig sogar, dass er sich von selbst zurückzieht, wenn er schlafen möchte. Wäre das nicht großartig?!

Der Lese-Sessel-Effekt für den Hund

Als sehr hilfreich erweist sich bei dem Plan „Der Hund soll mehr Ruhe haben“ ein Ort in der Wohnung, der ganz fest mit Entspannung verknüpft ist. Der Effekt soll genauso sein wie der Lesesessel mit einem guten Buch und einer Tasse Tee für uns Menschen. Schon der Ort allein soll Entspannung auslösen. Ich bezeichne einen solchen Bereich als Ruhezone und jetzt erzähle ich dir:

- Wie sieht die perfekte Ruhezone aus?
- Der ideale Standort für den Ruheplatz
- 3 goldene Regeln für die Ruhezone
- Wie der Hund lernt, zu entspannen
- Wie der Ruheort im Training und Alltag eingesetzt werden kann

Wie sieht die perfekte Ruhezone aus?

Die Beschaffenheit und der Standort einer idealen Ruhezone sind so vielfältig wie die Hunde selbst.
Viele Hunde profitieren davon, wenn sie an ihrem Rückzugsort zwar nah an der Familie dran sind, aber etwas abgeschirmt von den störenden Reizen in der Umgebung. Besonders höhlenartige Rückzugsorte schaffen ein Geborgenheitsgefühl, an dem sich der Hund wirklich entspannen kann. Das kann eine Liegedecke in der Zimmerecke zwischen zwei Sofateilen sein oder der Platz unter dem Tisch zusätzlich abgedunkelt mit einer Decke, oder ganz klassisch eine Hundebox.
Mitten im Raum ein Kissen hinzulegen, wäre für das Ziel, dem Hund einen Entspannungsort zu ermöglichen, eher ungeeignet.

Der Hund sollte bequem liegen können, ganz nach seinen Vorlieben. Hart oder fluffig weich, mit Rand oder ohne – wie beim Menschen sind die Liegepräferenzen ganz individuell. Die Liegefläche sollte groß genug sein, dass der Hund sich voll ausstrecken kann. Selbst wenn er meistens eingerollt liegt, ist die Möglichkeit, sich hin und wieder auszustrecken, doch wichtig. Gibt es eine Begrenzung nach oben, achte bitte zusätzlich darauf, dass dein Hund entspannt stehen kann, ohne „das Dach" mit dem Rücken zu berühren.

Meine Hündin hat eine faltbare Stoffbox mit einem für sie angenehmen Kissen drin. Die Box ist für uns super praktisch, denn wir können sie mit auf Reisen nehmen und so hat Alma ihren Rückzugsort immer dabei.
Anhand der Box kann ich wunderbar beschreiben, welche Eigenschaften mir für die Ruhezone besonders wichtig sind. So kannst auch du für deinen Hund den passenden Ort auswählen.

1. Variabel in der Gestaltung der verschiedenen Seitenwände - blickdicht oder offen (entweder ganz offen, nur Netz, oder mit Stoffbahn drüber). Variable Stellmöglichkeiten durch verschiedene Einstiege.

2. Faltbar & leicht: kann überall mit hin. So ist der Rückzugsort immer dabei, auch auf Reisen im Auto oder der Ferienwohnung.

3. Kann mit einfachen Mitteln und ein paar Handgriffen zusätzlich schallgeschützt werden.

Der ideale Standort für den Ruheplatz deines Hundes

Auch der Standort richtet sich vor allem nachdem, was dein Hund braucht und was in deiner Wohnsituation machbar ist. Der ruhigste Ort im Haus wäre vermutlich der Keller. Der ist allerdings wenig geeignet, um dem Hund dort eine Ruhezone einzurichten. Denn der Hund soll sich sehr gern dort aufhalten und dort später auch von alleine sein Ruhekonto auffüllen. Ist der Platz weit abseits des Familienlebens, wird er wahrscheinlich nur ungern dort sein. Daher gilt es, einen Kompromiss zu finden zwischen dem ruhigsten Standort und dem Bedürfnis, nah bei der Familie zu sein. Manchmal biete es sich an bei zwei über Eck gestellten Sofateilen die Box in die Ecke zu platzieren, oder zwischen Couch und Wand ist noch ein Platz frei. So ist der Hund zwar in der Nähe der Familie, hat aber seinen eigenen etwas abgeschirmten Bereich.
Eine große Rolle spielt außerdem, welche Reize für den Hund besonders starke Ablenkung bedeuten. Reagiert der Hund stark darauf, wenn er bestimmte Dinge im Fernseher sieht? Dann ist der Standort (oder die Art der Ruhezone) so zu wählen, dass er keine direkte Sicht auf den Fernseher hat. Sind es die Vögel im Garten, die der Hund durch die Terrassentür beobachtet, dann sollte die Ruhezone den direkten Blick in den Garten vermeiden. Ist die größte Ablenkung, wenn die Menschen am Platz vorbeilaufen, dann wäre es gut, den Standort nicht dort zu wählen, wo häufig Familienmitglieder durchlaufen.

Auch das Wärmebedürfnis des Hundes sollte bei der Standortwahl berücksichtigt werden. Habe ich einen Hund, der liebend gern auf den Fliesen liegt und dem schnell warm wird, wäre ein Platz an der Heizung eher ungeeignet. Habe ich einen Kuschelfreak, der am liebsten zugedeckt schläft, dann kann die Nähe der Heizung durchaus attraktiv werden.

Egal, welcher Standort und ob es für euch auch eine Box wird, oder die Ruhezone für deinen Hund, eure Wohnsituation und eure Bedürfnisse anders passend aussieht – es gelten immer dieselben Regeln und das Training läuft gleich ab.

3 goldene Regeln für DIE Ruhezone deines Hundes

Damit der Rückzugsort vom Hund auch dauerhaft als solcher empfunden wird, ist es wichtig, die folgenden 3 Regeln wirklich ernst zu nehmen. Sonst macht man sich die Mühe und baut über Wochen ein angenehmes Gefühl auf, hat vielleicht die ersten Fortschritte und reißt sich den Erfolg mit ein/zwei unbedachten Momenten wieder ein. Die gute Nachricht ist: So schwer sind die Regeln gar nicht.

1. **Wenn der Hund sich in der Ruhezone befindet, wird er nicht gestört.** Er wird nicht im Vorbeigehen gestreichelt, er wird nicht von da weggerufen. Insbesondere wenn Kinder im Haus sind, ist diese Regel ganz besonders auch für sie zu beachten.

2. **In der Ruhezone passieren ausschließlich ruhige und angenehme Dinge.** Wenn der Hund aufdreht, während er einen Kau-Snack verschlingt, passiert das nicht in der Ruhezone. Findet er Streicheln eher lästig als toll, dann wird er in diesem Bereich nicht gestreichelt.

3. **Auch wenn der Ruheplatz etabliert ist, wird der Hund ausschließlich freundlich eingeladen, dort hinzugehen.** Aus der Anspannung heraus ein „Jetzt geh auf deinen Platz!“ anzuweisen, kann ich gut nachvollziehen. Und manchmal ist das sogar sinnvoll. Allerdings wird der Hund damit unter keinen Umständen in seine Ruhezone geschickt. Dazu hat er sicher noch genügend andere Liegeplätze, die dafür geeignet sind.

So verknüpft dein Hund seinen (neuen) Platz mit Entspannung

Wenn es damit getan wäre, dem Hund einen Liegeplatz zur Verfügung zu stellen und darauf zu vertrauen, dass der Hund schon weiß, was damit gemeint ist, dann gäbe es diesen Abschnitt im Buch nicht.
Also – wie klappt das nun, dass der Hund lernt, einen neuen Platz mit Entspannung zu verknüpfen? Und zwar so, dass dieser Platz später im Alltag und im Training aktiv eingesetzt werden kann, um akut und langfristig mehr Ruhe in den Ablauf zu bekommen. Ein grundsätzlich passendes Vorgehen stelle ich dir hier jetzt vor. Wenn du es für dich und deinen Hund umsetzt, dann passt du natürlich alles so an, dass es für euch beide optimal ist.
Einfachheitshalber erkläre ich jetzt hier am Beispiel der Box; das funktioniert aber auch genauso mit einem anderen Schlafplatz.

Der erste Kontakt mit dem neuen Platz

ÜBUNG

Wenn du die Box erstmalig aufstellst, lass sie für einige Tage an ihrem zukünftigen Platz stehen, ohne dass du den Hund aktiv hinlockst oder eine Aktion damit erwartest. Der Hund darf sich erst einmal daran gewöhnen, und in seinem Tempo erste Erfahrungen damit machen.
Auf gar keinen Fall solltest du den Hund mit Futter oder Spielzeug aktiv hinlocken (zu keinem Zeitpunkt des Trainings). Beobachte deinen Hund:

Vielleicht ist ihm die Box völlig egal, vielleicht etwas suspekt, oder er geht sogar schon von alleine rein. Das wird von seinem Charakter abhängen und auch von den Erfahrungen, die er mit ähnlichen Materialien schon gemacht hat. Hier hast du wieder eine Möglichkeit zu lernen, deinen Hund besser einzuschätzen. Egal, ob er eher zurückhaltend oder sehr mutig ist - alle Optionen sind völlig in Ordnung.
Hatte dein Hund schon von sich aus einen entspannten Kontakt mit der Box und ist auch reingegangen, vielleicht schon darin gelegen, dann geh direkt weiter zum nächsten Schritt.
Ist dein Hund noch etwas skeptisch oder zeigt kein großes Interesse an der Box, dann begleitest du ihn nun soweit, dass der allererste direkte Kontakt absolut positiv abläuft.
Dazu legst du ein Spielzeug oder einen Kau-Snack in die Box und schließt die Türen. (Bei einem Platz ohne Türen, tut es auch eine Schüssel, die dafür sorgt, dass der Hund nicht direkt rankommt.) Lass den Hund ruhig etwas ausprobieren und lass ihn nicht sofort zum Objekt der Begierde rein. Du bist währenddessen stiller Beobachter, lockst nicht, feuerst nicht an, bringst keine zusätzliche Energie/Aufregung in die Situation. Das Spielzeug oder das Knabberzeug sorgt dafür, dass dein Hund eine höhere Motivation hat, sich mit der Box auseinanderzusetzen.
Nach ein paar Minuten oder Stunden öffnest du die Türen (ohne große Party) und gibst dem Hund wieder die Chance, die Box zu betreten.
Wenn er nun hineingeht und sich wohl fühlt, ist das gut, falls nicht, wiederholst du dieses Vorgehen nochmals.
Bei besonders vorsichtigen Hunden kann das durchaus einige Tage bis Wochen dauern. Hier heißt es, geduldig dranbleiben. Wer Entspannung schaffen möchte, kann keine Hektik während des Trainings haben.

Entspannung und nichts als Entspannung

ÜBUNG

Ist der erste positive Kontakt mit der Box gelungen, kannst du beginnen, dort ein Ruheritual aufzubauen. Das klingt komplizierter als es ist. Hierbei geht es darum, so viele angenehme und ruhige Momente für den Hund im Umkreis und in der Box zu kreieren wie möglich. Je nachdem, was für deinen Hund entspannend und angenehm ist, suchst du eure Rituale hierfür aus.
Für den einen Hund kann das eine Entspannungsmassage sein. Für die Ruherituale ist anfassen in der Ruhezone erlaubt. Wichtig ist nur, dass der Hund später, wenn er schon darin schläft, wirklich seine Ruhe hat und nicht zwischendurch angefasst wird. Für den anderen ist Berührung durch

einen Menschen eher Grund, um zappelig zu werden. Manche können beim Kauen wunderbar Stress abbauen und kommen zur Ruhe, andere dreht Fressen regelrecht auf. Suche dir die Dinge aus, die für euch passen. Jeden Tag widmest du dich nun (gern auch mehrmals für einige Minuten) dem Ruheritual an der Box mit deinem Hund. Vielleicht läuft dabei eine bestimmte Musik, vielleicht liegt auch nur dann eine bestimmte Decke in der Box. Irgendwann wirst du merken, dass dein Hund schon bei Start des Rituals ruhiger wird und den Ort mit Entspannung verknüpft hat. Dieser Moment ist großer Grund zur Freude und die nächsten Schritte warten auf dich und deinen Hund.

ÜBUNG

Dem Glück auf die Sprünge helfen

Eine der bahnbrechendsten Erfahrungen, die ein Hund in diesem Stadium machen kann, ist, dass er jederzeit in seiner Ruhezone entspannen kann. Auch dann, wenn Menschen sich durch die Wohnung bewegen. „Ich verpasse nichts, auch wenn meine Menschen aktiv sind", haben viele Hunde einfach nicht gelernt und laufen daher aus Gewohnheit ihren Menschen hinterher und verschenken jede Menge wichtiger Erholungszeit.
Damit er diese Erfahrung machen kann, ist es wichtig, dass er physisch daran gehindert wird seinen Platz zu verlassen und zwar OHNE , dass du dich aktiv einschalten musst. Dein Hund soll lernen, von sich aus zur Ruhe zu kommen. Das geht nicht, wenn du immer wieder Anweisungen gibst.
Das bedeutet, an diesem Punkt geht es darum, die Türen der Box zu schließen. Alternativ leine den Hund an seinem Platz an, oder sorge anders dafür, dass er (auch wenn du nicht in der Nähe bist), daran gehindert wird, seine Ruhezone zu verlassen.
Das ist der Moment, an dem viele Hundehalter aufschreien: „Ich sperre doch meinen Hund nicht ein!"
Das kann ich verstehen, denn damit ist so eine negative Vorstellung verbunden, von einem Hund, der einfach in eine Box gesetzt wird, Tür zu und dann kommt er nicht mehr raus. Das löst auch bei mir schon beim Schreiben Stress aus und ist auf gar keinen Fall das, was ein Ruheort sein soll.

Wenn du die Übungsschritte vorher gemacht hast, dann hast du mit deinem Hund gemeinsam schon wochenlang geübt, dass die Box etwas Wunderbares ist, ein richtiger Wellnessraum.
Für eine begrenzte Zeit daran gehindert werden, seinen Rückzugsraum

zu verlassen, ist meiner Meinung nach durchaus vertretbar, gerade wenn man das Ziel im Auge hat und die Alternativen kennt. Ein Hund, der vor lauter Aufregung immer dem Menschen hinterherläuft, entwickelt auf Dauer eine Vielzahl an Problemen: zu wenig Ruhe, schlecht allein bleiben können, super niedrige Reizschwelle. Welche Alternative wäre für dich die wünschenswerte?

Häufig wird als Trainingsalternative für das Hinterherlaufen genannt, dass der Hund einfach immer wieder auf seinen Platz geschickt werden soll und (je nach Trainingsrichtung) bestraft/korrigiert wird, sobald er diesen verlässt, oder gelobt wird ohne Ende, damit er gerne dort bleibt. Keine dieser Alternativen führt dazu, dass der Hund wirklich entspannt auf seinem Platz ist. Wenn dein Hund bisher noch nicht gelernt hat, dass Entspannung möglich ist, auch wenn du nicht direkt in der Nähe bist und einer Beschäftigung in der Wohnung nachgehst, dann lernt er das nicht, indem du dich immer wieder aktiv mit zusätzlicher Energie in die Situation einbringst. Aber genau diese echte Entspannung und die Fähigkeit, sich selbst zu beruhigen, braucht ein Hund, der von allein nicht zur Ruhe kommt.

Nächste Schritte im Aufbau

Der nächste Trainingsschritt ist also das Schließen der Türen (oder zum Beispiel das Anleinen des Hundes an seinem Ruheplatz). Sollten die Türen sich mit Reißverschlüssen schließen lassen, prüfe zunächst, wenn der Hund außerhalb der Box ist, ob er die Geräusche in Ordnung findet. Ihr kuschelt zum Beispiel gerade in eurem Ruheritual und du beginnst erstmalig eine Tür zu schließen, bleibst aber weiterhin bei deinem Hund sitzen, gehst noch nicht weg. Nach ein paar Minuten öffnest du die Tür wieder und das Ritual geht weiter.

Was tun, wenn der Hund jammert? Wenn du dir genügend Zeit gelassen hast beim Aufbau der Ruhezone, ist es sehr unwahrscheinlich, dass dein Hund wirklich Stress bekommt, wenn du die Türen schließt (oder er anders daran gehindert wird, seinen Platz zu verlassen). Wenn es doch passiert, ist das kein Grund zur Sorge. Wie du dann konkret vorgehst, hängt davon ab, aus welchem Grund der Hund jammert.
Hat er wirklich Sorge und du merkst, er kommt in Stress, dann öffne die Tür einfach wieder, bleib weiter bei ihm sitzen und fahre mit dem Ruheritual fort. Hast du das Gefühl, der Hund möchte nur seinen Unmut deutlich machen,

dann lass die Türen zunächst geschlossen und warte für einige Momente, ob er sich wieder beruhigt.
Wichtig ist mir hier Folgendes: Häufig wird empfohlen, erst dann zum Hund zurückzugehen, wenn er ruhig ist, damit er nicht lernt: „Wenn ich jammere, dann kommt jemand zurück." In dem Moment, wo dein Hund wirklich Stress hat, ist es wichtiger, ihm zu helfen und ihn nicht in Angst allein zu lassen, statt auf das Ruhigsein zu bestehen.

Sobald dein Hund die geschlossenen Türen für einen Moment mit Gelassenheit akzeptiert, beginnst du dich bei geschlossener Tür etwas von der Box zu entfernen und bleibst zunächst noch in Sichtweite. Anschließend beginnst du langsam durch das Zimmer zu laufen. Später verlässt du den Raum auch kurz. Steigere die Schritte so, dass dein Hund immer entspannt bleiben kann und sich nie Sorgen machen muss. Diese Übungsschritte dürfen mehrere Tage oder Wochen dauern. Lass dir dabei Zeit und beobachte genau, wie dein Hund darauf reagiert. Kannst du dich für einige Minuten durch die Wohnung bewegen, während dein Hund völlig gelassen liegen bleibt, dann ist der Aufbau eurer Ruhezone geglückt. Herzlichen Glückwunsch, der lange Atem hat sich gelohnt!

Sobald die Box als Ruhezone etabliert ist, lohnt es sich, dem Hund häufiger die Chance zu geben, diese Erfahrung der Ruhe zu machen. Du wirst feststellen, dass er dann auch von allein beginnt, diesen Rückzugsort für sich zu nutzen – Jackpot! Es erscheint vielleicht wenig spektakulär im Ergebnis, gerade wenn man den Aufwand betrachtet, um den Ruheplatz zu etablieren. Aber diese zusätzliche Ruhe macht DEN Unterschied. Genug Schlaf ist die Grundvoraussetzung dafür, dass der Hund effektiv lernen kann.

Ein solcher Ruheplatz ist auch in vielen herausfordernden Alltagssituationen hilfreich, zum Beispiel, wenn Besuch kommt, oder beim Alleinbleiben. Wie du die Ruhezone für euer Training nutzen kannst, erfährst du exemplarisch im nächsten Abschnitt.

Besuch kommt – die Ruhezone hilft

Für viele Hunde ist es ziemlich stressig, wenn Besuch ins Haus kommt. Sie wissen dann nicht mehr genau, wie sie sich verhalten sollen und manche fühlen sich dann zum Entertainer verpflichtet. Das mag für wenige Stunden in Ordnung sein. Ist der Hund aber sowieso von der aufgedrehten Sorte, dann kann die zusätzliche Aufregung schnell zur echten Zerreißprobe werden.
Hier kann die Ruhezone ins Spiel kommen. Nachdem der Besuch angekommen ist und sich alle begrüßt haben, kann es dem Hund helfen, wenn er eingeladen wird, seine Ruhezone aufzusuchen. Bei den ersten Malen wird er wahrscheinlich noch die Unterstützung der geschlossenen Türen benötigen. Schon bald kann darauf verzichtet werden und der Hund wird dankend die Option annehmen, sich ein Stück aus dem Geschehen zu stehlen.
Für viele Hunde bietet so eine Box eine Entschuldigung für sich selbst, sich nicht mit den ganzen Reizen zu beschäftigen:

1. „Was ich nicht sehe, interessiert mich nicht."
2. „Ich kann hier ja nicht weg. Also – na gut, ich schlaf dann mal weiter."

Du siehst also, so eine Ruhezone ist goldwert! Es lohnt sich, hier Zeit zu investieren, damit dir dieser Platz für deinen Hund in den verschiedensten Momenten helfen kann, und auch dafür sorgt, dass bestimmte Probleme gar nicht erst entstehen.

Nachdem wir uns jetzt ausführlich mit der Ruhezone beschäftigt haben, steigen wir ein in ein weiteres sehr wertvolles Hilfsmittel, mit dem du deinen Hund bei der Entspannung unterstützen kannst.

Entspannung auf „Knopfdruck"

Im Radio läuft dieses eine Lied, bei dem mir sofort die Tränen in die Augen schießen. Wenn ich müde bin und mich in Arbeitsstimmung versetzen möchte, höre ich immer eine bestimmte Rock-Musik. Und wenn ich abends in meinem Lesesessel sitze und mein Gedankenkarussell nicht stoppen möchte, dann reicht meine Kuscheldecke mit einer schönen Tasse Tee, um mich bei mir ankommen zu lassen.

Wir alle haben solche emotionalen Anker, die eine bestimmte Stimmung bei uns auslösen. Wir suchen sie uns meist nicht aus, sondern die Verknüpfung passiert einfach so nebenbei. Das Prinzip, wie solche Verknüpfungen entstehen, können wir dabei genauso auch für unsere Hunde nutzen.

Wir wollen einen Entspannungsanker für den Hund erschaffen, den wir später auch in aufregenden Momenten nutzen können, um dem Hund zu helfen. Wenn du an die Dinge denkst, die dich entspannen, dann weißt du, dass der Effekt nicht von jetzt auf gleich und zu hundert Prozent die Stimmung verändert. Vielmehr würde ein Entspannungsanker die Spitze aus der Aufregung herausnehmen, so dass dein Hund wieder ansprechbar ist, oder sich ab dort vielleicht sogar selbst beruhigen kann.
Der Aufbau eines solchen Ankers oder Entspannungssignals läuft in vier Schritten ab.

Schritt eins: Definiere, was das Entspannungssignal für deinen Hund sein soll. Möglich sind Worte, Gegenstände, Düfte, Geräusche oder sogar Berührungen. Je nachdem, wofür du das Entspannungssignal später einsetzen möchtest, ist die eine oder andere Variante sinnvoller. Für die meisten Hunde etablieren sich nach und nach verschiedene Signale für verschiedene Einsatzmöglichkeiten.
Braucht dein Hund am meisten Unterstützung beim Ruhe finden im Haus, dann empfiehlt sich ein Signal, das dauerhaft ohne deine direkte Aktion wirken kann. Wie zum Beispiel ein Gegenstand, ein Duft oder eine bestimmte Musik, die über eine gewisse Zeit hinweg unterstützen kann.
Ist die Aufregung nur punktuell sehr hoch, kann auch ein Wortsignal hilfreich sein. Deine Stimme hast du immer dabei und kannst so situativ prima eingreifen.
Solltest du dich für mehrere solcher Signale entscheiden, dann etabliere sie nacheinander und nicht gemeinsam. Die Gefahr beim gemeinsamen Aufbau (also z.B. Kuscheldecke und Wortsignal) besteht darin, dass der Hund die Entspannung mit diesen beiden Signalen in Kombination verknüpft, sie einzeln aber nicht wirken.

Schritt zwei: Verknüpfe das Signal mit der Entspannung. Hierzu finde die Momente in eurem Alltag (egal wie selten oder kurz sie sind), in denen dein Hund planbar völlig entspannt ist. Etwa immer dann, wenn ihr euch abends gemeinsam auf die Couch kuschelt, oder immer ,wenn ihr ins Bett geht. In diesem Moment - wenn der Hund bereits entspannt ist, bringst du das Signal in die Situation hinein. Für diesen Trainingsschritt ist elementar wichtig, dass die Verbindung ausschließlich dann kommt, wenn der Hund völlig entspannt ist. Sollte etwas Unvorhergesehenes passieren und der Hund plötzlich wieder munterer werden, entferne das Signal wieder.
Je öfter und länger diese Verbindung stattfindet, desto leichter fallen die folgenden Schritte.
Nach diesem Schritt hat der Hund abgespeichert: Ich bin entspannt, wenn

die Decke bei mir liegt. (Oder welches Signal auch immer du dir ausgesucht hast.) Erfahrungsgemäß dauert dieser Schritt ungefähr 2-3 Wochen.

Schritt drei: In diesem Schritt bringen wir den Prozess der Entspannung ins Spiel. Der wird oft übersprungen und wenn dann das Signal nicht seine Wirkung zeigt, heißt es, das Signal ist schuld oder ein solches Hilfsmittel funktioniert einfach nicht. Daher achte darauf, diesen Schritt mit zu beachten.
Hier lernt der Hund: Wenn die Decke bei mir liegt, werde ich entspannter. Damit das klappt, bleibst du mit dem Training immer noch in den Situationen, wo du planbar sagen kannst, dass dein Hund sich gleich (in den nächsten 2-5 Minuten) entspannt. Jetzt wartest du nicht ab, bis der Hund bereits völlig entspannt ist, sondern bringst das Signal schon kurz vorher dazu.
Wenn du merkst, dass dein Hund mit dem Signal etwas schneller in die tiefe Entspannung kommt, weißt du, dass dieser Schritt gut verlaufen ist und kannst zum nächsten übergehen. Als Richtwert kannst du von weiteren 1-2 Wochen Üben ausgehen.

Schritt vier: Nach und nach geht es in diesem Schritt darum, das Signal als echtes Hilfsmittel zu nutzen. Teste die Wirkung zunächst in mäßig aufgeregten Momenten.
Funktioniert das gut und dein Hund kann mit dem Signal ein Stück weit ruhiger werden, hat in eurem Training alles geklappt. Jetzt ist es voll einsatzfähig.

Aber Achtung: Eine solche emotionale Verknüpfung funktioniert wie ein Akku. Bei jedem elektronischen Gerät ist es vor der Inbetriebnahme ratsam, den Akku einmal vollständig aufzuladen. Das hast du mit den vier Schritten gemacht. Verwendest du das Signal in aufregenden Situationen, wird euer Entspannungsakku entladen. Die Aufladung erfolgt, indem das Signal auch immer wieder in entspannten Momenten integriert ist.
Lade den Akku also regelmäßig auf, damit er dann, wenn du ihn nutzen möchtest, auch einsatzbereit ist.

Ruherituale - Nehmt euch Zeit nur für euch

Für den Start in die Entspannung machst du es dir und deinem Hund leichter, indem die Abläufe immer relativ gleich bleiben. So weiß dein Hund genau, was kommt und wird sich von Mal zu Mal schneller darauf einlassen können.

Ruherituale können für euch beide wunderbare Inseln im Alltag sein, die beim Abschalten helfen.
Es braucht nur wenig Zeit dafür, starte vielleicht sogar mit fünf Minuten vor dem Schlafengehen. Setz dich zu deinem Hund, schalte alle Ablenkungen aus und massiere deinen Hund ganz langsam. Achte dabei bewusst darauf, wie sich das Fell an unterschiedlichen Körperstellen anfühlt. Vielleicht schließt du sogar die Augen und konzentrierst dich nur auf deinen Tastsinn. Atme ruhig weiter und bewege dich langsam. Es spielt zunächst keine Rolle, ob dein Hund dabei schon völlig entspannt oder nicht. Wenn der Ablauf immer gleich ist und du entspannt bleibst, wird auch dein Hund sich bald darauf einlassen.

Es kann auch hilfreich sein, den Hund neben sich setzen zu lassen und ihm seitlich am Körper mit den Händen Halt zu geben. Bis er selbst locker lässt und gleichmäßig ruhig atmet.
Mag dein Hund keine Berührungen, setzt du dich zu ihm und ihr entspannt einfach gemeinsam. Du kannst dabei ein gutes Buch lesen, einen Tee trinken, oder einfach nur sitzen und meditieren. Ganz wie du magst. Du wirst erstaunt sein, dass auch dein Hund entspannter wird, wenn du dir bewusst Zeit zum Abschalten nimmst.

Das klingt alles sehr simpel. Fast schon zu einfach um wahr zu sein. Aber es ist sehr wirkungsvoll. Denn wann nehmen wir uns denn heute noch die Zeit, um fünf Minuten ganz bewusst und ohne Ablenkung und Hektik mit unserem Hund zu sein? Die kleine Pause wird euch gefallen. Und sie hilft auch. Sie bringt euch näher zueinander und lädt auch eure Beziehung mit entspannten Begegnungen auf. Ich wünsche dir wunderbare Momente mit deinem Hund - für den Start mit nur fünf Minuten am Tag!
Wenn du ganz mutig bist, findest du am Ende des Buches unter Links den Weg zu einer Meditation für Hundehalter, die wunderbar für solche kleinen Auszeiten geeignet ist.

Zum Abschluss dieses Kapitels möchte ich dir noch die häufigsten Fragen beantworten, die in dem Bereich Entspannungshilfe für zu Hause immer wieder aufkommen.

Das dauert aber alles lange!
Kann der Hund das nicht schneller lernen?

Du hast deinem Hund sicher schon das ein oder andere Kunststückchen beigebracht. Vielleicht hast du dann auch schon erlebt, dass es super schnell geht, einem Hund eine bestimmte Handlung zu erklären ,sobald er aktiv mitdenkt und Spaß an der Übung hat. Egal ,ob es Sitz oder das Apportieren ist, die Grundlagen versteht jeder Hund sehr schnell.
Warum also brauchen all die Tools für das Entspannungstraining so viel mehr Zeit? Warum dauert es Wochen, bis die Grundlagen gelegt sind?
Das liegt daran, dass das Ziel im Entspannungstraining ein passiver statt aktiv mitarbeitender Hund ist. Wir möchten erreichen, dass der Hund sich entspannen und abschalten kann. Das geht nur, indem wir die Übung auch dann machen, wenn der Hund gerade nicht im Trainingsmodus ist und gespannt erwartet, was wir als Nächstes Lustiges lernen. Er soll NICHT mitdenken, denn genau das ständige „auf Empfang sein" führt ja erst dazu, dass er sich nicht mehr genügend Ruhephasen einräumen kann.
Bringe ich dem Hund beispielsweise ein Sitz bei, dann lernt er die Grundlagen schnell und versteht oft innerhalb von Minuten, was gemeint ist. Damit er sich aber in jeder Situation und bei jeder Ablenkung auf Aufforderung hinsetzt, ist mehr Übung nötig. Auch hier braucht es einige Wochen strukturierten Trainings, damit das Sitz fast automatisch gezeigt werden kann. Das wird dann möglich, wenn ich mit dem Ablauf „Ich höre das Signal für Sitz und setze mich hin" das Unterbewusstsein des Hundes erreicht habe und er nicht mehr aktiv über die Ausführung nachdenken muss.

Mit allen Entspannungstechniken können wir den Umweg über das aktive Lernen nicht gehen, wir möchten direkt das Fundament im Unterbewusstsein legen und zum Beispiel mit dem Entspannungssignal eine emotionale Verknüpfung herstellen.

Entspannung lernen geht nur, indem der Hund auch im entspannten Zustand übt.

Soll jeder Tag gleich sein? Das geht doch gar nicht!
Jeden Tag genau gleich gestalten und immer genug Ruhe für den Hund schaffen, damit er abschalten kann?
Die wenigsten Menschen haben den Luxus, ihren Tag so gestalten zu können und wollen das auch so. Das ist auch nicht notwendig!
Ja, es hilft dem Hund, wenn eine Routine für die Entspannungsphasen geschaffen wird. Und ja, gerade am Anfang der Entschleunigung gilt: Je mehr Ruhe, desto besser.
Da wir aber nicht in einem Reagenzglas oder Labor leben und die optimalen Bedingungen vorfinden, darf sich auch das Entspannungstraining in euren Alltag einfügen.
Zu Beginn des Buches habe ich dir erzählt, wie Stress sich im Körper deines Hundes auswirkt. Und du hast erfahren, dass es bis zu 7 Tage dauert, bis Stresseffekte körperlich wieder abgebaut sind. Je weniger Stress insgesamt im Alltag besteht (über einen Zeitraum von beispielsweise einer Woche), desto eher kann der Hund Stressspitzen auch wieder ausgleichen. Später ist es dann auch möglich, dass der Hund längere Stressphasen ausgleichen kann, weil er grundlegend entspannter geworden ist.
Für den Anfang ist jedoch schon hilfreich, dass du einschätzen kannst, warum dein Hund heute wieder aufgedrehter oder reizbarer ist und dir keine Sorgen machen musst, dass euer Training nicht funktioniert. Wenn meine Alma heute einmal in 2 Jahren einen Menschen beim Spaziergang anbellt, dann ist mir bewusst, dass das wahrscheinlich von den vier Wochen wilder Veränderungen kommt und sie nicht plötzlich ein Problem mit Menschen entwickelt hat. Und ich kann dann entsprechend damit umgehen und Ruhephasen wieder etwas mehr fördern, anstatt mit intensivem Begegnungstraining noch mehr Reize dazu zu bringen.

Wenn du jetzt noch gar keine Idee hast, wie du überhaupt mit der Veränderung anfangen sollst, dann hab keine Sorge! Wie du konkret beginnst, mehr Ruhe zu etablieren, und wie ihr euch dann euren neuen Alltag mit einem Mix aus Anspannung und Entspannung entwickelt, darum geht es im letzten Bereich des Buches ganz ausführlich.

Nachdem wir uns jetzt ausführlich mit den Entspannungshilfsmitteln drinnen beschäftigt haben, folgt im nächsten Bereich alles rund um das Thema Spaziergänge.

Spaziergänge ruhig gestalten

Heute ist der 4. März. Die Sonne scheint, die Vögel singen und es ist der erste frühlingshafte Tag nach zwei Wochen eisiger Temperaturen und drei Wochen geschlossener Schneedecke.

Ich habe mir vorgenommen, richtig zu entspannen und nicht zu viel zu arbeiten. Was liegt da näher, als das Wetter zu nutzen und ganz gemütlich die Sonne zu genießen. Alma - meine Dalmatinerhündin - und ich machen uns auf den Weg zum Spaziergang.

Ich freue mich auf unsere Runde und auch bei Alma ist Vorfreude zu spüren.

Am Waldrand angekommen, lasse ich Alma wie immer aussteigen, der Schnee ist nass und rutschig, aber die Sonne ist sooo warm!

Alma schießt los und rennt vor lauter Freude in großen Kreisen um mich herum. Wo sie sonst gemütlich mit mir loslaufen kann, war das heute einfach nicht drin. Zu stark war die Freude über den Frühling. Ich lasse ihr den Spaß und renne ein paar Runden mit.

Wir laufen weiter und statt wieder zu einem gemütlichen Tempo zurückzufinden, rennt sich Alma immer mehr in einen Rausch. Durch die warmen Temperaturen ist der Boden stellenweise wieder aufgetaut und viele bisher verschlossene Gerüche brechen sich ihre Bahn. So viele Eindrücke, so viel Freude, so viel Rennen!

Alma wird zusehends hektischer und verliert zweimal die Bodenhaftung. Das ist mein Stichwort. Meine Hilfe ist gefragt, denn sie schafft es nicht mehr, sich von allein auf ein gesundes Maß zu regulieren.

Ich rufe sie zu mir, ihre Pupillen sind weit, der Herzschlag rast und sie hat ein richtiges Stressgesicht. Freundlich leine ich sie an und bitte sie, hinter mir zu laufen. Nach einigen Minuten wird sie ruhiger. Beginnt wieder bewusst die Umgebung wahrzunehmen und kommt wieder an in unserem gemeinsamen Spaziergang.

Ich leine sie wieder ab und beginne deutlich langsamer zu laufen als zuvor. Sie ist immer noch etwas hektisch, galoppiert aber nicht mehr ständig, sondern trabt vor mir her und bleibt immer wieder stehen, um nach mir zu sehen.

Wir treffen auf zwei aufgeregte Jungrüden, die Alma ihre Kraft und Jugend beweisen wollen. Alma hat trotz meiner Unterstützung alle Pfoten voll zu tun, die ständigen Spielaufforderungen dankend abzulehnen.

Nach dieser Begegnung ist sie wieder etwas unbedachter und weniger mit sich in Kontakt. Da der Weg rutschig wird, leine ich sie erneut an und helfe ihr wieder etwas, um zur Ruhe zu kommen.

Wir laufen ein Stück an einer wenig befahrenen Straße entlang, die Leine bleibt dran.
Als wir einen sonnenbeschienenen Trampelpfad erreichen, darf Alma wieder frei laufen. Diesmal bleibt sie voll bei mir, schnüffelt hier und da und bleibt absolut in meinem Tempo und meinem Umkreis.
An einer besonders sonnigen und sogar trockenen Stelle setzen wir uns einige Minuten hin und genießen die Sonne, schauen über die Hügel und beobachten Rehe am anderen Ende des Waldrandes.
Alma kann völlig ruhig neben mir bleiben, beschäftigt sich mit Stöcken oder schaut mit mir in die Gegend.
Als wir weitergehen, ist sie wieder völlig in ihrer Gelassenheit angekommen. Wir können den gesamten Weg entspannt zum Auto gehen und selbst eine aufgeregte Hündin, die uns kurz vor Ende des Spaziergangs begegnet, kann sie nicht aus ihrer Ruhe bringen.
So gelassen gegen Ende des Spaziergangs zu sein, ist für Alma keine Selbstverständlichkeit. Gerade nach so einem actionreichen Start, ist es wahrscheinlich, dass sich ein Hund im Verlauf des Spaziergangs immer mehr aufputscht.

Vollbepackt mit Dummy und Leckerlis und mindestens zwei verschiedenen Leinen. Im Stechschritt wird zu Hause losgegangen, um möglichst bald die Wiese zu erreichen, auf der immer geübt wird. Auf dem Weg dahin und auch zurück wird der Rückruf trainiert, bei Fuß und Bleib natürlich auch.
Spazierengehen mit dem Hund sieht heute bei manchen Menschen wirklich anstrengend aus. Obwohl diese Zeiten uns doch zur Erholung dienen sollten, wirken Mensch und Hund dabei, als wären sie weit weg von der Erholung.

Das Paradoxe dabei ist: Es funktioniert nicht! Das Ziel, was wir Menschen glauben, damit zu erreichen, nämlich ein gut trainierter Hund, der seine Bedürfnisse ausleben kann und „gut ausgelastet" und glücklich ist, das bleibt dabei meist auf der Strecke.
Dann wenn ich wirklich den Rückruf brauche, weil ein Kind den Fußball quer über die Straße schießt, funktioniert er nicht und der Hund rast hinterher.
Er ist so angespannt, dass er selbst einem wehenden Blatt Aufmerksamkeit schenken würde, wie soll er dann ruhig bleiben, wenn der Hase ihm vor die Nase springt?
Manche Hunde sind draußen so auf die Interaktion mit ihren Menschen getrimmt, dass sie nicht mal mehr schnüffeln, oder gar jemals stehenbleiben, um interessiert einen Schmetterling zu betrachten.

Aber was ist die Alternative, und wie schafft man es mit einem ursprünglich

„fordernden“ Hund völlig gelassen ohne Entertainmentprogramm einen wundervollen Spaziergang zu erleben? Und warum ist das überhaupt wichtig?

Du liest dieses Buch wahrscheinlich weil du dir mehr Entspannung in deinem Hundealltag wünschst. Ich habe dir schon erzählt, wie wichtig es ist, dass der Hund genügend Zeit hat, um die auf ihn einströmenden Reize zu verarbeiten. Dasselbe Prinzip gilt auch innerhalb eines Spaziergangs. Je mehr Zeit der Hund bekommt, um die Reize zu verarbeiten, desto ruhiger kann er werden. Es gibt ganz verschiedene Möglichkeiten, eure Zeit draußen stressfreier zu gestalten, damit er Hund in Summe gelassener wird. Im Folgenden werde ich dir die wichtigsten vorstellen und du kannst für dich und deinen Hund ausprobieren, welche davon oder auch welche Kombination für euch gut ist.

Vor einigen Monaten habe ich eine Kundin gefragt, wie der ideale Spaziergang für sie und ihren Hund aussieht. Sie antwortete: „Ich würde gerne einfach ohne Leine mit ihr laufen gehen und mit ihr die Umgebung erkunden, ohne mir dabei Sorgen um Wild oder andere Spaziergänger machen zu müssen.“
Zu Beginn unseres Coachings konnte sie sich noch gar nicht vorstellen, wie das möglich sein soll, da ihre Mala so aufgedreht war, dass sie draußen fast nicht ansprechbar war. Heute nehmen die Zwei auf ihren Spaziergängen nur noch zur Sicherheit eine Leine mit. Es kann also klappen!

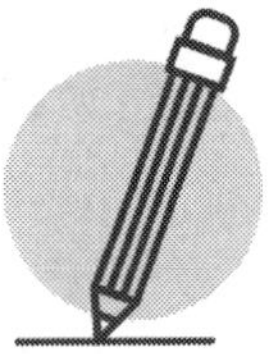

Wie sieht dein idealer Spaziergang mit deinem Hund aus?

Nimm dir ein bisschen Zeit nur für dich. Setz dich gemütlich in deinen Lieblingssessel, hol dir dein Lieblingsgetränk und sorge dafür, dass du nicht gestört wirst. Wenn du es richtig schön gemütlich hast, dann erlaube dir, in einen wunder- schönen Tagtraum abzutauchen. Mal dir in allen Facetten und in epischer Länge aus, wie du mit deinem Hund einen wunderschönen Spaziergang erlebst. Wo geht ihr lang? Wie riecht es? Was hörst du? Wie bist du mit deinem Hund in Kontakt und wie kommuniziert ihr? Wie fühlst du dich?
Wenn du möchtest, schreib dir deinen Traumspaziergang einmal auf.

Lass uns jetzt einige Möglichkeiten anschauen, wie du den Spaziergang gelassener gestalten kannst, damit du deinem Traumspaziergang mit deinem Hund näherkommst

Wie lange soll ich denn Spazieren gehen?

Einige Seiten zuvor in diesem Buch habe ich dir vom natürlichen Tagesablauf eines Hundes erzählt. Zwischen den langen Schlafphasen ist gar nicht mehr so viel Zeit für Spaziergänge, jeden Tag Training und „Familienzeit", oder? Hast du bei dem Kapitel auch kurz im Kopf mitgerechnet und überlegt, wie das eigentlich alles in einen Tag passen soll, wenn du „ordentlich" mit deinem Hund spazieren gehen willst?
So geht es zumindest vielen meiner Kunden zu Beginn unserer Arbeit. Manche gehen jeden Tag mehrere Stunden mit ihren Hunden spazieren, weil sie das Gefühl haben, der Hund braucht das, oder „wird sonst nicht müde". Mit diesem Glaubenssatz möchte ich gleich einmal aufräumen. Ein Hund, der nicht schlafen kann, ohne hohe körperliche und geistige Anstrengung zuvor, hat schlicht nicht gelernt, sich zu entspannen. Die langfristige Lösung kann nicht sein, dauerhaft ein hohes Pensum beizubehalten, sondern muss sein, dem Hund beim Erlernen von Ruhe und Entspannung zu helfen.
Denn wie bei jedem Sportler gewöhnt sich der Körper irgendwann an die Anforderung. Plötzlich reichen keine 3 Stunden Spaziergänge mehr, sondern ich muss 5 Stunden laufen, damit der Hund müde ist. Und wenn die 5 Stunden nicht mehr reichen, was dann? Mehr Kopfarbeit, mehr Tempo, mehr Training? Wo soll das hinführen? Und welcher Mensch kann das leisten?

Für die meisten Hunde, die ich kennenlernen durfte, liegt das Optimum an „Draußen"-Zeit zwischen einer und eineinhalb Stunden insgesamt am Tag. Wo genau der Wohlfühlwert liegt, verändert sich auch immer wieder. Es gibt Phasen bei meiner Hündin und mir, wo sie mit einer halben Stunde Spaziergang und mehreren kurzen „Pipigängen" absolut genug hat. Und es gibt Zeiten, wo wir gerne täglich auch große Runden mit mehr als eineinhalb Stunden drehen. Je nachdem wo der Hund gerade steht, wie der Alltag aktuell abläuft und auch was draußen so los ist, passen wir das an.

Wenn im Frühjahr zum Beispiel nach dem Frost der Boden taut und die Gerüche so intensiv werden, dass selbst meine Menschennase die Fülle an Eindrücken mitbekommt, ist es häufig so, dass kürzere Runden gefragt sind, damit die Hunde gut damit umgehen können.

Um es kurz zu machen - eine Möglichkeit, dem Hund weniger Reize auf seinen gedachten Arbeitstisch zu legen, ist es, den Spaziergang kürzer zu gestalten. Einen ungefähren Richtwert gegen das schlechte Gewissen für „Wir machen viel zu wenig, mein Hund ist unterfordert" habe ich dir auch gegeben. Also wenden wir uns den weniger offensichtlichen Möglichkeiten zu.

Die Streckenauswahl spielt eine Rolle

Viele Optionen der Veränderung hast du, was die Gestaltung der Strecke betrifft. Hier gibt es so viele Einflussfaktoren in puncto „Reizanzahl“, dass sicher für jeden Alltag und jede individuelle Lebenssituation etwas dabei ist.

Die Umgebung spielt eine Rolle

Je nachdem wie dein Hund tickt, sind für ihn verschiedene Untergründe und Umgebungen unterschiedlich spannend.
Der eine Hund dreht völlig durch, wenn er von den ganzen Gerüchen, Tierspuren und wehenden Blättern im Wald umgeben ist. Ein anderer fährt voll in den Expeditionsmodus, wenn er über weite Flächen schauen kann.
Für einen ist in der Stadt spazieren gehen relativ unspektakulär, für den nächsten Hund ist genau diese Umgebung der absolute Super-GAU.
Ist es ein enger Pfad oder ein breiter Weg?
Ist der Untergrund Erde, Gras und Sand, oder Teer, Schotter und Pflasterstein?
Laufen hier viele Menschen spazieren, kommen viele Hunde vorbei oder ist es die beliebteste Radfahrerstrecke der Gegend?
Sind viele Geräusche zu hören oder wird es ganz still auf diesem Weg?
All diese Dinge beeinflussen, wie dein Hund die Umgebung wahrnimmt. Ob sie ihn stark fordert oder ob die Reize für ihn gut zu verarbeiten sind.
Möchtest du die Entspannung fördern, bietet es sich an, zunächst auf den Strecken und Wegen zu starten, die für deinen Hund nicht voller Aufregungen und Versuchungen stecken.

„Wenn möglich, bitte wenden…“

Es gibt noch mehr Veränderungen, die du ausprobieren kannst, um die Anzahl der Reize zu reduzieren.
Und zwar über die Laufroute, die du wählst. Läufst du einen Rundweg (1), also eine Strecke, die zwar denselben Anfangs- und Endpunkt hat, aber unterwegs nie dieselben Wege nutzt, so hat dein Hund für die Länge der Strecke die meisten Reize zu verarbeiten, die für die Zeiteinheit möglich sind.
Gehst du einen Weg hin und auch auf derselben Strecke zurück (2), halbiert sich die Anzahl der Reize bereits. Verkürzt du die Strecke noch weiter (3) und läufst sie sogar 2 Mal hin und 2 Mal zurück, hast du auf derselben Weglänge und in derselben Zeit nur ein Viertel der Reize, die dein Hund verarbeiten muss.

Wenn du dieses Wissen für dich nutzen möchtest, kannst du daraus ganz viele Varianten bilden.
Eine Möglichkeit ist, auf einem Wegstück einige Meter geradeaus zu laufen, dann einen Teil des Weges wieder zurück und erst dann wieder weiter auf neues Terrain (4).
So hat dein Hund immer wieder die Chance, neue Dinge zu erkunden, bekommt aber zwischendurch regelmäßig die Zeit, alles zu verarbeiten. Er kann sich intensiv mit den bestehenden Reizen auseinanderzusetzen, ohne ständig mit neuen Informationen konfrontiert zu werden.
Auf diese Weise lassen sich auch Hunde, die auf neuen Wegstrecken sehr nervös werden, bald auf die Umgebung ein und finden zwischendurch immer wieder zurück in ihre Ruhe.

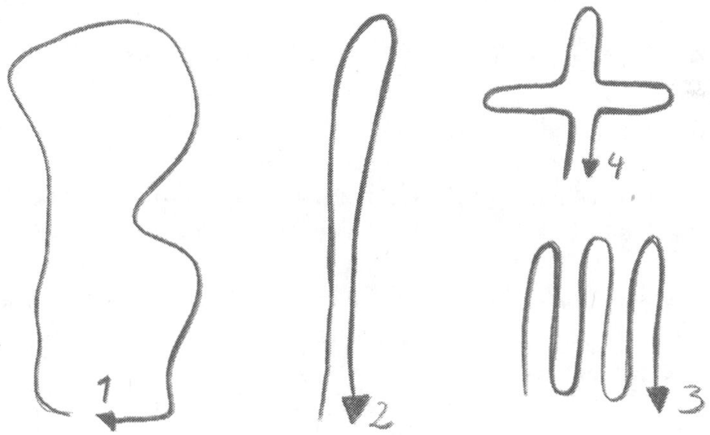

Beobachte deinen Hund einmal, wie er sich auf dem Hinweg und auf dem Rückweg verhält, wenn du eine Strecke von 200 Metern läufst. Mit hoher Wahrscheinlichkeit wird er auf dem Rückweg schon ruhiger laufen, sich besser konzentrieren können, oder anfangen sich länger mit verschiedenen Reizen zu beschäftigen, statt hektisch von einem Geruch zum nächsten zu laufen.
Was passiert wohl, wenn du beim nächsten Mal auf der Hälfte des Rückwegs erneut umdrehst und am Ende noch ein neues Wegstück dazu nimmst? Spiele mit diesen Möglichkeiten und lerne deinen Hund besser kennen und auch seine Körpersprache zu lesen. Schon allein der Umstand, dass du dir die Zeit dafür nimmst, wird etwas verändern, das verspreche ich dir.

Für manche Hunde ist es hilfreich, wenn man eine Zeit lang immer ein und dieselbe Strecke geht, damit sie sich entspannen können. Insbesondere, wenn Hunde ausschließlich wegen der Masse an Reizen bei neuen Strecken ihre Schwierigkeiten haben, ist das einen Versuch wert. Sobald allerdings Unsicherheit oder Angst dazukommen, rate ich von dieser Variante ab. Denn in diesem Fall ist es wichtiger, dass der Hund ein Stück weit „im Training" bleibt, wenn es darum geht, sich „gruseligen" Dingen zu stellen. Wie bei allen Tipps, die ich (oder irgendwer anders) dir gebe, ist wichtig, dass du dein Bauchgefühl sprechen lässt und entscheidest oder ausprobiert was für euch gut ist.

Das Tempo - Trödeln ist erlaubt!

Eine weitere Möglichkeit für mehr Ruhe zu sorgen, ist, das Tempo deutlich zu reduzieren.

Nimm dir Zeit und fange an, mit deinem Hund zu trödeln. Geht ganz bewusst langsam, nehmt eure Umgebung wahr.
Lass dich auf den folgenden Seiten inspirieren und probiere es dann einfach aus. Ich habe schon sehr viele Menschen aufgefordert, mit ihren Hunden bewusst langsam zu gehen. Dabei kommen häufig erschrockene Reaktionen und Vermutungen darüber, wie der Hund sich dann verhalten würde.

Angst, der Hund würde dann nur noch die Nase am Boden haben und Spuren nachgehen. Angst, der Zug an der Leine würde schlimmer werden. Angst, der Hund würde weniger aufmerksam werden.
Und in neun von zehn Fällen erweisen sich diese Ängste als vollkommen unbegründet. Meist tritt genau das Gegenteil ein. Der Hund wird achtsamer, weniger hektisch, zieht weniger, ist ansprechbarer für seinen Menschen.

Kennst du die Zen-Weisheit: „Meditiere 20 Minuten täglich, es sei denn du hast keine Zeit, dann meditiere eine Stunde"?
Damit wird deutlich: Je weniger entspannt wir sind, desto wichtiger ist es, dass wir uns Zeit dafür nehmen. Bei unseren Hunden beobachte ich Ähnliches. Alle Hunde, die zu Beginn solcher Übungen starke Schwierigkeiten mit der Langsamkeit haben, profitieren am Ende sehr stark davon!

Warum das so ist, was mit dir und deinem Hund beim Trödeln mental und auf körperlicher Ebene passiert, darum geht es in den folgenden Abschnitten. Danach bekommst du eine Idee, wie du anfangen kannst, um es gleich heute einmal auszuprobieren.

Die Vorteile eines Trödelspaziergangs im Vergleich zum vollen Entertainment für den Hund

Damit du besser nachfühlen kannst, was im ruhigen Tempo mit dem Körper deines Hundes passiert, folge mir gedanklich in die folgenden beiden Situationen:

Situation 1: Es ist kurz vor acht. Bevor die Geschäfte schließen, musst du unbedingt noch etwas einkaufen, damit der Kühlschrank gefüllt ist. du hetzt dich ab und läufst so schnell du kannst zum Supermarkt. Unterwegs überholst du genervt einige Menschen, die langsamer sind als du. Als du die Straße überquerst, läufst du fast vor ein Auto, weil du es in mit Deinem Tunnelblick gar nicht wahrgenommen hast.
Völlig abgehetzt kommst du im Laden an, arbeitest stur deine Einkaufsliste ab und zahlst auf den letzten Drücker. Für deine Mitmenschen oder die Umgebung hast du keine Aufmerksamkeit übrig. Das Telefongespräch am Ohr ist zwar irgendwie immer präsent und du antwortest hin und wieder; bekommst aber vom eigentlichen Inhalt nichts mit und bist überrascht, als dein Gegenüber dir eine Frage stellt.
Die Einkäufe nach Hause schleppen, auspacken und endlich zu Hause sein. Schnell etwas kochen und vorm Fernseher hinunterschlingen. Zum Essen war heute noch keine Zeit.
Entspannt bist du jetzt sicher nicht. Dein Puls ist hoch, deine Muskulatur angespannt, deine Atmung flach, deine Wahrnehmung fokussiert und eingeschränkt. Bis du zur Ruhe kommen kannst, wird es heute Abend noch einige Zeit dauern.

Situation 2: Heute hast du genügend Zeit, um einzukaufen. Auf dem Weg zum Supermarkt genießt du das Kitzeln der Sonnenstrahlen auf deiner Nase und nimmst ganz bewusst die Geräusche um dich herum wahr. Du bleibst stehen, um den Kindern des Nachbarhauses beim Zeichnen auf dem Gehweg zuzusehen und bist fasziniert von deren Hingabe für das, was sie gerade tun. Du gehst ganz bewusst und spürst, wie dein Körper sich bewegt, wie die Füße den Boden berühren, deine Arme mitschwingen und du kannst immer befreiter atmen. Im Supermarkt angekommen, nimmst du dir Zeit, dich inspirieren zu lassen und kaufst ein, wonach dir gerade ist. Ein kurzer Plausch mit der Verkäuferin bringt dich auf eine super Idee für dein Abendessen und du freust dich riesig, das heute Abend zu kochen. Auf dem Rückweg lässt du deinen Tag Revue

passieren und spürst, wie nach und nach alle Anspannung des stressigen Tages von dir abfällt. Zu Hause kochst du etwas Schönes für dich und genießt deinen Abend in absoluter Entspannung.

Konntest du dich gut hineinversetzen?
Gut, dann werfen wir jetzt gemeinsam einen Blick darauf, wie es deinem Hund in ähnlichen Situationen geht.

Reize aufzunehmen und zu verarbeiten ist für deinen Hund deutlich leichter beim Trödeln

Je schneller du läufst, desto weiter die Strecke, desto mehr Eindrücke in kurzer Zeit.
Wie die Bäume beim Autofahren an dir vorbeihuschen, so geht es deinem Hund mit all den Reizen um ihn herum. Sowohl Gerüche als auch optische und taktile Reize strömen auf ihn ein.
Alles geht so schnell, dass zwischendurch keine Zeit bleibt, um die Reize auch zu verarbeiten. (Denk daran, dass dein Hund deutlich mehr wahrnimmt als du. Seine Sinne sind viel leistungsfähiger als die von uns Menschen. Wo du nur verschwommen 2-3 Gerüche einzeln wahrnimmst, hat dein Hund schon eine komplette Detailanalyse von 300-400 Gerüchen angelegt, die in den letzten Tagen an der Stelle eine Rolle gespielt haben.)
Beim Trödeln hingegen hat der Hund ausreichend Zeit um sich – im wahrsten Sinne – mit jedem Grashalm einzeln zu beschäftigen. Die Anzahl der neuen Reize ist sehr viel geringer, als wenn dieselbe Zeit in hohem Tempo gelaufen wird. Dadurch ist gleichzeitig genügend Raum, um die neuen Informationen direkt zu verarbeiten und im Hirn abzuspeichern. So ein Spaziergang ist quasi eine direkte, mentale Trainingseinheit. Wer glaubt, der Hund wäre nach so einem Spaziergang nicht müde, irrt gewaltig. Die körperliche Beanspruchung ist zwar bei weitem nicht so hoch wie beim schnellen Tempo, allerdings sind alle Sinnesorgane und die Denkleistung beim Trödeln deutlich mehr gefordert.

Den Körper entspannen, statt noch mehr anzufeuern

Auch körperlich hat das Trödeln Auswirkungen, die der Entspannung deutlich zuträglicher sind als so ein richtiger „Sportspaziergang".
Im langsamen Tempo und mit bewusster Wahrnehmung auf seine Umgebung beginnt der Hund automatisch auch seinen eigenen Körper bewusster wahrzunehmen. Plötzlich spürt er Veränderungen im Untergrund und geht mit Bedacht. Der Puls verlangsamt sich, die Muskulatur lockert sich, es wird

deutlich weniger Adrenalin ausgeschüttet als in hohem Tempo. Zudem wird sich ein Hund, der so mit sich selbst in Kontakt ist, von sich aus so verhalten, dass Verletzungen so gut wie ausgeschlossen sind.
Wohingegen ein Hund nach langem Ballspiel auf der Wiese selten noch auf sich achtet und häufig über seine körperlichen Grenzen geht. Das, was wir eigentlich vermeiden wollen – einen Hund, der unter großer Anspannung steht – das fördern wir mit hektischen Spaziergängen. Mehr Adrenalin, mehr Anspannung, mehr Hektik, weniger Ruhe.

Mein Hund rast? Wie fange ich an mit dem Trödeln?

Schlage ich einen Trödelspaziergang bei meinen Kunden vor, höre ich häufig: „Das ist ja alles schön in der Theorie, aber mein Hund rennt von alleine die ganze Zeit wie verrückt geworden rum, der kennt gar keine Ruhe."
Genau der letzte Teil des Satzes ist das Stichwort. Ruhe darf erlernt werden! Wenn der Hund nie eine andere Art des Spaziergangs kennengelernt hat, als mit voller Action durch die Landschaft zu pflügen, dann wird die Umstellung von jetzt auf gleich unmöglich sein. Gerade deswegen ist es gut, auch eine zweite Möglichkeit zu etablieren, als immer nur „Tür auf und volle Power an."
Es kommt hier nicht darauf an, wieviel Strecke ihr lauft und ich verspreche dir, dein Hund wird dir nicht die Wohnung zerstören, nur weil er mal einen Tag keine fünf Kilometer gelaufen ist.
Mach dich frei von „Der muss aber!" und dem Gedanken an eine bestimmte Strecke. Gerade im Sommer sind die schönsten Zeiten mit meiner Hündin, wenn wir uns in den Wald setzen, sie um mich herum die Gegend erkundet und wir anschließend gemütlich wieder nach Hause gehen.

Und so geht es los – genieß es – viel Spaß dabei

Zu Beginn ist es hilfreich, wenn ihr euch eine Umgebung sucht, wo wenig los ist. Ständige neue Spielpartner oder starke Ablenkungen sind für den Anfang schlicht zu schwierig, wenn die Ruhe im Vordergrund stehen soll. Ein weitläufiger Waldweg oder eine Wiese eignen sich prima, um mit dem Trödeln anzufangen.
Du kannst deinen Hund ableinen, sofern er nicht „Leine ab" mit sofortigem Losrennen verbindet. Für die meisten Hunde, die Ruhe erst wieder erlernen dürfen, bietet es sich an, ihn an einer längeren Leine (3-5 Meter) zu führen. Das Ziel soll sein, dass ihr beide gemeinsam miteinander

schlendert. Jeder kann sich seinen Interessen zuwenden, aber ihr könnt euch auch gemeinsam spannende Dinge ansehen.
Nimm bewusst deine Umgebung wahr, schau dir das Gras und die Bäume an, beobachte, wie die Wolken vorbeiziehen. Entspann dich und genieße die Natur. Achte auf deine Atmung, nimm dir ganz bewusst Zeit, um auch für deine eigene Entspannung zu sorgen. Gehe langsam, aber anfangs noch in einem Tempo, in dem dein Hund gut mit entspannen kann. Für viele zappelige Hunde ist es zu Beginn schwer auszuhalten, richtig langsam zu gehen oder sogar stehen zu bleiben. Diese Zeiten solltest du dann sehr kurz halten und nur gelegentlich mit einstreuen. Auch wenn dein Hund an der Leine zieht, wird er nach einiger Zeit im Trödeltempo besser auf dich achten. Du kannst auch unvorhergesehene Wege einbauen und musst nicht immer strikt von A nach B laufen.
Es kann hilfreich sein, das Trödeln nur für eine bestimmte Strecke in der Mitte eures Spaziergangs einzubauen. Andere Hunde können sich besser einfinden, wenn der gesamte Spaziergang langsam erfolgt. Auch die Umgebung, der Untergrund und die Ablenkungen um euch spielen eine Rolle. Probiere hier einfach aus, was für deinen Hund für den Anfang leichter ist. Beobachte interessiert, was mit euch beiden passiert. Hab keine Scheu, diese neue Möglichkeit für euch zu erforschen und so anzupassen, dass es für euch beide stimmig ist.
Lass einen Trödelspaziergang immer mal wieder einfließen und du wirst merken, wie gut der euch beiden tut und wie müde dein Hund trotz wenig körperlicher Anforderung danach ist.

Ruheinseln - Verschnaufpause für Körper und Geist

Genauso wie bei der Ruhezone im Haus, ist es auch draußen sehr hilfreich, wenn du Orte (oder Rituale) für den Hund erschaffst, an denen er sich regenerieren kann.

Wann hast du zum letzten Mal auf einem Spaziergang mit deinem Hund auf einer Bank gesessen und die Aussicht genossen? Oder, wann hast du dich zuletzt einfach in den Wald auf die dicke Laubschicht gesetzt und dem Wind in den Blättern beim Duett mit dem Chor der Vögel zugehört?

Sind gerade solche Momente nicht wunderschön?
Als ich Alma kennenlernte, war es quasi nicht möglich, dass ich mich irgendwohin setzte und Alma ruhig in meiner Nähe blieb. Und mit nicht möglich meine ich, dass sie meine Bewegungslosigkeit so dermaßen gestresst hat,

dass sie wild bellend um mich herumgesprungen ist. Schon das Stehenbleiben, um mir einen Schuh wieder zuzubinden, war für Alma ein Grund zum Hektischwerden. Sie konnte Ruhe oder gar Stehenbleiben einfach nicht ertragen, weil sie so voll Adrenalin war, dass sie das nicht aushalten konnte. Wenn du glaubst, das wäre überspitzt dargestellt, dann erinnere dich an einen Moment, an dem du richtig, richtig nervös oder aufgepusht warst. Vielleicht vor einer wichtigen Prüfung, oder nach einer Achterbahnfahrt. Hättest du in dem Moment ganz gelassen auf einem Stuhl sitzen können ohne mit dem Fuß zu wippen, oder mit den Händen zu spielen?
Genauso ging es meiner Hündin damals auch.
Von 10 Minuten ruhig dasitzen und den Sonnenuntergang anschauen, waren wir sehr weit entfernt.
Heute nutzen wir die Zeit gerade in der warmen Jahreszeit eher zum draußen Abhängen als zum wirklichen Laufen. Oft fahren wir zu einem Wald, laufen ein paar hundert Meter bis zu einer schönen Stelle und genießen gemeinsam die Natur, um nach einiger Zeit wieder nach Hause zu fahren. Und das ist so schön.

Also - wie fängt man an?

Zu Beginn ist es hilfreich, sich Stellen auszusuchen, die besonders ruhig gelegen sind und an denen die „Aufreger“ deines Hundes nicht so präsent sind.
Für einen Hund, der - Stand heute - nur volle Anspannung draußen kennt, ist es eine große Herausforderung, die Spannung in genau diesem Umfeld loszulassen. Deswegen mache es ihm am Anfang so einfach wie möglich und das bedeutet zuerst: Keine Ablenkung und keine schwierigen Reize für deinen Hund, damit die Übung „Wir kommen zur Ruhe“ auch klappen kann.

Wenn dir jetzt sofort ein oder zwei Stellen einfallen, die sich eignen könnten – prima!
Sollte dir aktuell gar kein Ort einfallen, der geeignet wäre, dann schau dich auf den nächsten Spaziergängen bewusst danach um. Vielleicht kann die Veränderung einer eurer üblichen Runden z.B. schon dazu führen, dass du an eine ruhigere Ecke kommst.

Vielleicht gibt es bei euch im Umkreis aber auch keinen Ort, wo dein Hund nicht ständig angespannt ist, weil zum Beispiel überall andere Hunde sind. Dann hast du möglicherweise die Option, zu anderen Zeiten spazieren zu gehen, an denen nicht die komplette Nachbarschaft unterwegs ist. Ich bin mir sicher, du findest eine Lösung!

Nach dem Ort, der sich eignet, denkst du darüber nach, was deinen Hund normalerweise gut runterkommen lässt, oder welches Entspannungsritual du vielleicht hierfür schon nutzen kannst.
Ist es z.B. eine bestimmte Massage/Streicheltechnik?
Konzentriert er sich gut, wenn er schnüffeln darf und dabei andere Sachen ausblenden kann? Kann er entspannt auf Kauartikeln kauen, ohne dabei aufzudrehen?
Habt ihr vielleicht schon ein konditioniertes Entspannungssignal?
Mit diesen Optionen im Kopf gehst du nun zu eurer zukünftigen Ruheinsel und beschäftigst dich ganz entspannt mit deinem Hund. Lass ihm Zeit, sich alles anzusehen. Schlendert ein bisschen dort entlang, damit dein Hund ausgiebig jeden Grashalm anschauen kann. Wenn er schon etwas gelassener geworden ist, versuchst du, ob er sich dort gerne streicheln lassen möchte, oder lieber Leckerchen sucht, oder ob es für den ersten Besuch eurer Ruheinsel bereits ausreicht und ihr wieder woandershin geht.
Für einige Hunde kann es schon ein großer Schritt sein, überhaupt langsam zu laufen und sich aktiv mit der Umwelt, den Gerüchen, den Steinen, den Schnecken und vielem mehr auseinanderzusetzen, ohne hektisch zu werden. Wenn du das Gefühl hast, dass das bei deinem Hund so ist, dann verlange nicht von ihm, sich sofort tief entspannen zu können. Jeder Schritt in Richtung mehr Ruhe an diesem Ort ist super!
Streue den Besuch eurer Insel ruhig öfter auf dem Spaziergang ein. Vielleicht einmal auf dem Hinweg und einmal auf dem Rückweg.
Du wirst merken, wie dein Hund von Mal zu Mal immer mehr zur Ruhe kommen kann.

Wie geht es damit weiter?

ÜBUNG

Wenn die Insel schon den „Lieblingssessel"-Effekt für deinen Hund hat, dann kannst du sie ganz bewusst einsetzen, um innerhalb des Spaziergangs für Entspannung zu sorgen. Du wirst merken, dass dein Hund schon auf dem Weg zur Insel ruhiger wird. Genauso wie dein Puls sich verlangsamt, wenn du in stressigen Momenten an ein wohliges Schaumbad denkst.
Die Pause auf der Insel sorgt dafür, dass der Hund die vorhergehenden Eindrücke verarbeiten kann und er der Informationsflut in seinem Kopf Herr werden kann. Sollte vorher eine blöde Situation gewesen sein, kann er hier wieder runterkommen und schleppt dieses Erlebnis nicht unter Hochspannung mit sich herum.
Gehst du anschließend weiter, dann wirst du ebenfalls merken, dass die

Ruhe noch eine Weile anhält. Je mehr Ruhepunkte der Hund innerhalb des Spaziergangs hat, desto besser wird er auch aufregend Momente ausgleichen können ohne in den Stressmodus zu fallen.

Du kannst diesen Effekt natürlich auch „zum Mitnehmen" einrichten. Anfangs ist es sicher leichter für die meisten Hunde, wenn es feste Orte für eure Pausen gibt. Aber je ruhiger der Hund insgesamt ist und je besser er das Konzept der Verschnaufpausen draußen schon aktiv für sich nutzen kann, um zu entspannen, desto leichter wird es, das auch an variable Orte zu übertragen.

Hier könnte zum Beispiel ein spezielles Entspannungssignal nützlich sein. Eine Kundin nimmt für sich immer ein Schaumstoffsitzkissen mit auf den Spaziergang. Sobald sie das aus dem Rucksack holt und sich setzt, schaltet ihr aufgeweckter Kalle sofort in den Pausemodus. Natürlich muss das Entspannungssignal kein Sitzkissen sein, wenn das nicht für euch passt und du nichts mitnehmen möchtest. Du könntest auch die Leine auf den Boden legen als Zeichen für „Hier bleiben wir jetzt eine Weile".

Freilauf in Etappen

Freilauf und Entspannung gleichzeitig? Für viele Hunde scheint das nicht zu funktionieren. Was für andere Hunde völlig normal ist, wird für so manchen Zeitgenossen zum Adrenalinschub schlechthin.

Vielleicht kennst du das: Zu Beginn des Spaziergangs ist dein Hund noch ganz entspannt, schnüffelt hier und dort, ist für dich ansprechbar und alles läuft harmonisch ab.
Je länger ihr unterwegs seid, desto höher wird das Tempo, ständig scheint dein Hund einer anderen Spur nachzugehen, die Pupillen sind geweitet, die Frequenz seiner Schritte wird immer höher. Er schaut sich weniger zu dir um und wenn du jetzt noch mit einem Signal zu ihm durchdringen möchtest, musst du viel mehr Aufwand betreiben als am Anfang.
Für viele Hunde, die ich im Training begleite, ist das zu Trainingsbeginn völlig normal.
Doch warum ist das so? Eigentlich müsste er sich doch „müde laufen“ und wenn die erste Energie verpulvert ist, auch langsamer laufen. Wahrscheinlich weißt du an dieser Stelle des Buches schon genau warum und hast das Muster schon längst erkannt.

Je schneller und länger der Hund läuft, desto mehr Reize sammelt er auf; für deren Verarbeitung in dem hohen Tempo keine Zeit mehr bleibt.
Auf dem „zu verarbeiten“-Tisch sammeln sich jede Menge an „Reiz-Akten“, die im Hirn bewertet und sortiert werden sollen und irgendwann quillt der Tisch über. Wenn dann noch eine Anfrage des Menschen dazukommt, braucht es schon jede Menge Aufwand, um diese aus den ganzen anderen offenen Punkten herauszufiltern.
Dazu kommt, dass der Adrenalinpegel durch die körperliche Anforderung immer weiter steigt. Je mehr der Hund also hektisch läuft, desto weiter entfernt er sich von einem ruhigen und gelassenen Gemütszustand.
Ein Hund dagegen, der ohne diese mentale Anspannung eine Stunde lang vor sich hin läuft, kann sich auch tendenziell weiter entspannen.
Es kommt also auf das „Wie“ an, und nicht nur auf die Dauer oder das Tempo.
Aber wie schafft man das jetzt, dass der Hund lernt, auch im Freilauf „entspannt“ zu bleiben?

ÜBUNG

Wenn ein Hund sich wie oben beschrieben, im Freilauf immer mehr in die Hektik läuft, kann man ihn wunderbar unterstützen, indem man ihn zwischendurch anleint. Dadurch wird das Tempo automatisch langsamer und die Flut der Reize nimmt ab. Es bleibt wieder Zeit, um die anschwemmenden Reize zu verarbeiten, der Puls fährt runter, die Muskelanspannung senkt sich und dein Hund wird ansprechbarer. Bei manchen Hunden kann man, sobald sie an der Leine sind, oder wenige Minuten später regelrecht ein „Auftauchen" aus der eigenen Welt beobachten. Sie kommen wieder im Hier und Jetzt an, nehmen ihr Umfeld wieder bewusst wahr.
Indem du den „rauschartigen" Freilauf deines Hundes immer wieder durch angeleinte Phasen unterbrichst, hilfst du ihm besser bei sich zu bleiben und zur Ruhe zu finden. Eine Pause auf Rezept quasi, die soll ja bekanntlich auch für uns Menschen ab und an hilfreich sein, wenn wir im Strudel des Alltags mitgerissen werden.
Das Anleinen ist also keineswegs eine Strafe, sondern eine aktive Hilfestellung. Du nimmst deinen Hund „an die Hand" und gibst ihm damit die Zeit, die er zum Durchatmen braucht.
Außerdem beugst du damit Verletzungen vor und die Wahrscheinlichkeit, dass dein Hund jagen geht oder andere unerwünschte Verhaltensweise zeigt, verringert sich ebenfalls.
Denn weniger Adrenalin führt dazu, dass dein Hund seinen Körper wieder bewusster wahrnimmt und auf seine Bewegungen achtet. Und weniger Adrenalin ist immer gut, um vor dem Losstarten bei Sichtung eines Hasen mal eben noch den Kopf wieder einzuschalten.

Wann, wie lange und wie oft braucht es eine Leinenpause?

Der richtige Zeitpunkt für die Leinenpause ist, BEVOR der Hund so aufgedreht ist, dass er nicht mehr ansprechbar ist. Wenn du also merkst, dein Hund rennt sich in seine eigene Welt hinein, dann gönn ihm die Pause, bevor der Zeitpunkt kommt, wo du gar nicht mehr sicher bist, ob der Rückruf funktioniert. Wann genau dieser Zeitpunkt gekommen ist, dafür gibt es keine Pauschale. Hier sind dein Bauchgefühl und deine Beobachtungsgabe gefragt. Du kennst deinen Hund am besten und wirst ganz bestimmt die passende Entscheidung für euch treffen.

Wie lange Pause und Freilauf jeweils sein sollten und wie oft der Hund von der Unterstützung an der Leine profitiert, hängt von vielen Faktoren ab. Zum

einen natürlich vom Hund und seiner aktuellen Tagesform. Wenn es nur wenige Reize gibt, die ihn aufdrehen lassen, wird er weniger Pausen brauchen als bei einem Hund, der sich von allem in seinen Bann ziehen lässt. Auch das Umfeld spielt eine Rolle. Je nachdem welche Umgebung für deinen Hund mehr spannende Reize bietet, solltest du deine Handlungen anpassen. Ist eine Wiese abgelegen und wenig besucht, wird dort längerer Freilauf am Stück in Gelassenheit klappen, als wenn ihr im Wald seid, wo dein Hund jedes Blatt aufregend findet.
Wenn du anfängst, die Leinenpause zu nutzen, wird dein Hund eine längere Zeit brauchen, um sich wieder „runterzufahren". Nutzt du dieses Mittel öfter, wird dein Hund sich schneller wieder entspannen, weil er das kennt und daher weiß, was auf ihn zukommt.
Probiere dabei aus, welche Länge der Leine dein Hund braucht. Im voll hochgefahrenen Zustand kann es sein, dass eine zu kurze Leine nur noch mehr Stress macht, weil der Hund es nicht schafft, sich so stark zu konzentrieren, um den Leinenradius einzuhalten. Ist die Leine zu lang, kommt zu viel Tempo in die Angelegenheit. Probiere hier aus, beobachte und lasse dein Bauchgefühl entscheiden, was für die jeweilige Situation für euch hilfreich ist.

Wenn du dir auf den letzten Seiten gedacht hast: „Das ist ja alles gut und schön, aber einen Spaziergang an der Leine macht das auch nicht besser, weil mein Hund zieht wie ein Irrer.", dann ist das folgende Kapitel genau richtig für dich. Auch wenn dein Hund zwar die Pause gut nutzen kann, aber bei Start in den Freilauf sofort wieder aufdreht, schenke dem Kapitel deine besondere Aufmerksamkeit.

An der Leine

Zum Thema Leinenführigkeit werden eigene Bücher gefüllt und es gibt unendlich viele Möglichkeiten, wie man diese angehen kann. Dies ist kein Buch über Leinenführigkeit und daher werde ich mich auf zwei elementare Übungen konzentrieren, wie du die Leinenführigkeit verbessern kannst. Außerdem wirst du eine Möglichkeit kennenlernen, deinen Hund zu unterstützen, falls er sich im Moment nicht genug konzentrieren kann um selbstständig an lockerer Leine zu laufen.

Auch auf das An- und Ableinen möchte ich noch eingehen. Denn wie du hierbei vorgehst, beeinflusst auch, wie dein Hund an der Leine läuft (und sich vor dem Anleinen zurückrufen lässt), aber auch, wie er nach dem Ableinen in den Freilauf startet.

Für das Anleinen ist es wichtig, dass dein Hund damit nicht verbindet: „Oh, blöd. Wenn die Leine dran ist, dann hört der Spaß auf und mein Mensch ist mies drauf."

Wir Menschen neigen dazu, die Leine als letzten Ausweg zu sehen und den Hund mit einer doofen Stimmung zu uns zu rufen und dann genervt neben uns zu haben („Jetzt hast du es übertrieben, komm an die Leine"). Wenn das bei euch so ist, dann lohnt es sich, das Anleinen neu aufzubauen und mit einem Signal zu belegen. Anleinen bedeutet keine Veränderung der Situation, außer dass eine Leine dran ist.

Anleinen ist keine Strafe, sondern eine Hilfestellung. Achte hierbei auf deine Körpersprache und mach es deinem Hund so angenehm wie möglich, nah zu dir zu kommen und stehenzubleiben, während du die Leine einhängst.

Folgende Übung kannst du hierzu in euren Alltag einbauen. Führe deinen Hund mit deiner Hand (eventuell auch mit einem Leckerli) so, dass er quer vor dir steht, hocke dich dabei hin, damit du dich währenddessen nicht über den Hund beugen musst. Sage ein Signal zum Anleinen und hänge die Leine ein, während dein Hund das Leckerli fressen darf. So schlägst du zwei Fliegen mit einer Klappe: Dein Hund empfindet Anleinen als angenehm, du kündigst an, was kommt, dein Hund kann sich darauf einstellen und wird mit der Zeit das Signal gerne für dich ausführen, indem er sich bereits passend in Position bringt.

Beim Ableinen ist insbesondere für das Thema „Freilauf" jede Menge Fehlerpotential vorhanden. Für viele Hunde ist Ableinen gleichgesetzt mit Losrasen und richtig Aufdrehen. Das ist wenig hilfreich. Startet der Hund schon automatisch aufgeregt in den Freilauf, wird es schwieriger für ihn, mit dir in Kommunikation zu bleiben. Er wird dann schneller auf fremde Reize reagieren und du kannst ihn weniger lenken (zum Beispiel mit dem Rückruf).

Auch hier lohnt sich das Training des Ableinens, bei dem der Hund lernen soll, dass Ableinen nicht bedeutet „Juhu und im Vollspeed los", sondern lediglich „Okay, Leine ist ab, wir gehen gemütlich weiter und ich habe ein bisschen mehr Freiraum."

Der häufig verwendete Ablauf „Hinsetzen, Ableinen, auf Los geht's Los" ist für die meisten Hunde eher ein Garant für Explosion als für Entspannung.

Dieses Ritual sorgt oft dafür, dass sich schon beim Hinsetzen Anspannung im Hund ausbreitet, die nach der Freigabe dann in einen schnellen Sprint umgewandelt wird. Auch wenn die Übung dazu gedacht ist, Ruhe in den Moment zu bringen, wirkt sie doch meist eher wie das „Ready, set, go" vor dem Hürdenlauf.

Erfahrungsgemäß klappt ein entspannter Übergang in den Freilauf dann besser, wenn daraus keine große Aktion gemacht wird.

Leine deinen Hund dazu ohne große Aufregung ab und laufe im Trödeltempo los und beobachte dabei, wie dein Hund sich verhält. Für manche Hunde reicht dieses Vorgehen schon, um auch den weiteren Weg gemütlich weiterzugehen. Manche fahren dennoch im Erregungslevel höher.

Hier hilft es dann vor dem Losgehen und auch in den ersten Metern des Laufens, das ein oder andere Leckerli fallen zu lassen, damit es sich für den Hund lohnt, nach dem Ableinen noch einige Momente in deiner Nähe zu bleiben und erst allmählich den Radius zu vergrößern.

Hat dein Hund bereits gelernt, nach dem Ableinen sofort durchzustarten, kannst du mit folgender Übung ein neues Ritual aufbauen, um das Ableinen von seiner Funktion als „Startsignal" zu entbinden.

Hierzu leinst du deinen Hund an zwei Karabinern oder zwei Leinen an. Leine einen Karabiner ab und lobe den Hund, wenn er ruhig bei dir bleibt. Selbst wenn er es nicht tut, kann er sich durch die zweite Leine nicht im Freilauf selbst belohnen. Damit lösen wir die erste Aufregungsverknüpfung auf. Danach machst du weiter wie oben beschrieben.

Mit einem entspannten Übergang von Leine zu Freilauf und umgekehrt, kannst du deinen Hund in seinem entspannten Spaziergang gut unterstützen.

Übung 1 für die Leinenführigkeit: Achte auf mich, ich zeige dir den Weg.

Diese erste Übung beschäftigt sich damit, dass du den ersten Grundsatz der Leinenführigkeit „Verhalte dich so, als wäre keine Leine dran“ umzusetzen lernst und dein Hund lernt, auf deine Körpersprache zu achten. Gleichzeitig macht er seine ersten Erfahrungen mit dem Gehen an der Leine.

Leine deinen Hund an einer mindestens 2,5 Meter langen Leine an. Achte darauf, dass du den „Übungsmodus“ nutzt.

In der einen Hand hältst du die Leine locker fest und lässt den Arm locker hängen. Die andere Hand übernimmt die Signale für den Hund. Mache deinen Hund aufmerksam und führe ihn nur mit deiner Körpersprache in die Richtung, wohin er gehen soll. Dein Körper bewegt sich dabei ungefähr so wie ein Butler, der dir die Tür öffnet.

Angenommen dein Hund ist rechts neben dir, deine rechte Hand hält die Leine. Dann machst du mit dem linken Fuß einen Schritt nach links, neigst den Oberkörper auch in die Bewegungsrichtung und führst deine linke Hand einladend von der rechten auf die linke Seite. Ganz so, als würdest du sagen: „Hier entlang, wenn ich bitten darf.“ Nach diesem einen Schritt bleibst du schon wieder stehen, richtest den Oberkörper auf, zeigst mit der Handfläche in Richtung deines Hundes, um ihm zu verstehen zu geben, stehenzubleiben. Halte kurz inne und lobe deinen Hund für seine Aufmerksamkeit. Nun gehe den nächsten Schritt. Wechsle dabei ab zwischen ein/zwei Schritten Vorwärtsgehen, links und rechts gehen und Rückwärtslaufen. Nach jeweils ein bis zwei Schritten stoppst du und machst eine Pause. So hast du zwischendurch Zeit, dich bewusst auf deine Körpersprache zu konzentrieren. Und auch dein Hund hat es leichter, anfangs einzelne Signale zu erfassen und umzusetzen. Lobe ihn dabei immer wieder.

Bleib dran, auch wenn dein Hund nicht sofort versteht, was gemeint ist. Du und dein Hund, ihr braucht beide Zeit, um zu lernen. Beende die Übung möglichst dann, wenn euch ein kleiner Fortschritt gelungen ist, aber beiße dich nicht fest, wenn es nicht klappt.

Sollte dein Hund unaufmerksam werden und Zug auf die Leine kommen, dann bleib stehen, locke deinen Hund wieder zu dir, atme einmal durch und starte erneut.

Wenn du dir unsicher bist, wie eindeutig deine Körpersprache ist, ist diese Übung hervorragend geeignet, um sie mit einem anderen Menschen zu üben.

Klappen diese ersten kleinen Schritte gut, dann steigerst du langsam den Schwierigkeitsgrad. Gehe mehrere Schritte bis zum nächsten Stehenbleiben. Baue einen Richtungswechsel ohne Stopp ein. Oder steigere langsam die Ablenkung. Achtung! Verändere immer nur einen Teil des Schwierigkeitsgrades, nicht alle auf einmal.

Je weniger Richtungswechsel und Stopps du einbaust, desto schwieriger wird es. So kommst du also Schritt für Schritt mit dieser Übung dahin, dass du gemeinsam mit deinem Hund mehrere Meter am Stück geradeaus gehen kannst, ohne dass die Leine auf Spannung kommt.

Ein Video zur dieser Übung und der nachfolgenden Übung findest du auf der Website zum Buch.

Übung 2: Orientierung auf größere Distanz (hilfreich für Leine und Freilauf)

Bei dieser Übung brauchst du eine etwas längere Leine, ungefähr 5 Meter sind ideal. Gehe mit deinem Hund auf eine größere Fläche, also eine Wiese oder ein Waldstück. Starte zunächst mit Flächen, die für deinen Hund einfacher sind und auf denen wenige Ablenkungen deinen Hund irritieren können.
Leine deinen Hund an und gehe los. Du solltest dabei zielstrebig, aber nicht schnell laufen. Deine Schultern, Fußspitzen sind in die Richtung gerichtet, in die du gehen willst. Deinem Hund ist die Aufgabe überlassen, nach dir zu schauen und mit dir mitzugehen.
Kommt die Leine auf Spannung, während dein Hund in deinem Rücken ist, bleibst du stehen, drehst dich aber nicht um, sondern richtest deine Aufmerksamkeit weiter dorthin, wo du hin möchtest.
Überholt er dich und die Leine kommt nach vorne auf Spannung, bleibst du wiederum stehen, drehst dich in eine neue Richtung und wartest.
Sobald die Spannung sich lockert und dein Hund in deine Richtung läuft, gehst du weiter.
Hin und wieder änderst du die Richtung und bist dabei immer sehr deutlich in deiner Körpersprache. Stell dir vor auf deinem Kopf, in deinen Schultern und den Fußspitzen sind Scheinwerfer und alle zeigen genau dahin, wo du hingehen möchtest.

Das Ziel ist, dass dein Hund lernt, dass er auch dafür verantwortlich ist, nach dir zu schauen und sich an dir zu orientieren. Nach und nach kannst du den Schwierigkeitsgrad erhöhen. Zum Beispiel ein anderes Umfeld wählen mit etwas mehr Ablenkung, oder im Wald die Bäume als Hindernisse nutzen.

Balance Leine - „Take it easy, Darling"

Trotz allem Training wird es immer mal wieder Momente in eurem Alltag geben, wo dein Hund zu aufgeregt ist, um sich auf das Gehen an lockerer Leine zu konzentrieren. Wenn du Zeit hast und es sinnvoll erscheint, kann man die Gelegenheit nutzen und Entspannung üben. Manchmal will man aber einfach von A nach B kommen, oder die ungemütliche Situation so schnell wie möglich verlassen. Damit das leichter wird und du mit deinem Hund dennoch ohne ziehen und gezogen werden, den Weg zurücklegen kannst, ist die Balance-Leine eine großartige Möglichkeit.

Mit dieser Art die Leine zu halten, kannst du deinen Hund wunderbar unterstützen. Dein Hund bekommt körperlich Unterstützung und findet damit sein Körpergefühl wieder. Häufig helfen körperliche Reize, also Massagen oder Berührungen in Stressmomenten sehr viel besser als jedes Sicht- oder Hörzeichen es könnte. Denn deine Worte oder Gesten stehen in der direkten Konkurrenz zu all den Außenreizen, mit denen dein Hund beschäftigt ist. Eine Berührung sticht aus dieser Masse heraus und schafft es gleichzeitig, dass der Hund seinen Körper wieder besser wahrnimmt. Also wieder mehr „zu sich kommt", wenn er „außer sich" ist.

Alles, was du für die Balance-Leine brauchst, ist eine Hand und eine etwas längere Leine. Etwa 2,5 Meter reichen aus. Leine deinen Hund am Geschirr oder Halsband ganz normal an. Halte die Leine in der Länge fest, sodass dein Hund locker neben dir laufen kann. Das übrige Ende der Leine führst du mit der anderen Hand ganz locker vor der Brust deines Hundes entlang und legst das Ende wieder in die Hand, die die Leine festhält.

Die Leine, die vor der Brust deines Hundes liegt, soll so locker sein, dass sie knapp unter der Brust, in der Ellenbogenbeuge deines Hundes frei schwingen kann. Wichtig dabei ist: Auf den Teil der Leine, der vor der Brust liegt, soll niemals Zug kommen, er soll immer frei pendeln können. Sollte dein Hund schnell nach vorne gehen, sollte der Zug dort ankommen, wo der Karabiner am Geschirr befestigt ist.

Wenn der Hund nun mit dem lockeren Leinenstück vor sich losläuft, pendelt die Leine ihm bei jedem Schritt sanft gegen die Beine. Er wird sich dadurch bewusst über seine Bewegungen und wird die Beine bewusster setzen und auch langsamer werden.

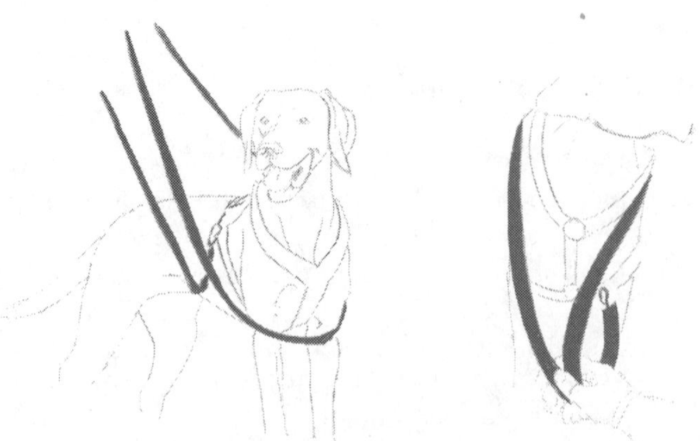

Zugegeben - so zu laufen, erfordert ein bisschen Übung von euch beiden. Du brauchst einige Zeit, um dich an die Handhabung zu gewöhnen und dein Hund braucht Zeit, damit entspannt zu laufen. Daher empfehle ich dir, die Balance Leine dann auszuprobieren, wenn ihr beide ganz entspannt seid und keine Ablenkung habt. Wenn das gut klappt, wird euch dieses kleine Hilfsmittel im Bedarfsfall gute Dienste erweisen.

Sollte dein Hund zunächst irritiert sein und nicht weiterlaufen wollen, führe ihn ein paar Meter mit deiner Hand und hilf ihm so zu verstehen, was er tun soll. Du kannst ihn gerne mit einem Leckerli locken oder einen Handtouch nutzen, falls dein Hund das kennt.
Falls er so zappelig ist, oder nach einiger Zeit so schlau, dass er versucht über die Leine zu steigen und sie so loszuwerden, gibt es einen kleinen Trick. Führe die Leine vorne durch das Geschirr. Achte darauf, dass sie trotzdem locker vor den Beinen pendelt und nicht straff anliegt. So verhinderst du, dass der Hund - aus Versehen oder absichtlich - darübersteigen kann.

Die Balance-Leine ist ein Element aus der Körperarbeit nach Linda Tellington-Jones. Ihre Körperarbeit und die „Massage"-Methode TTouch® sind für mehr Körpergefühl und Entspannung enorm hilfreich. Ich nutze sehr viel davon regelmäßig in der Arbeit mit aufgeregten Hunden. Die Version der Balance-Leine, die ich dir hier zeige, ist angelehnt an die von Linda Tellington-Jones Köperarbeit und mit meiner Erfahrung im Training mit nervösen Hunden angepasst.
Literaturempfehlungen dazu - falls du mehr darüber erfahren möchtest - findest du auf der Website zum Buch.

Körperwahrnehmung fördern, bringt Gelassenheit

Dass du über den Körper deines Hundes auch seinen Geist erreichst und viel in Richtung Gelassenheit erreichen kannst, hast du im vorherigen Kapitel schon erfahren. Hier möchte ich dir noch weitere Ideen geben, wie du dieses körperliche Element mit in eure Spaziergänge einbauen kannst.

Genauso wie zu Hause auch können Massagen deinem Hund helfen. Hier ist wichtig, genau zu beobachten und für deinen Hund abzustimmen, was sinnvoll ist. Die meisten Hunde empfinden es als absolut unangebracht, wenn wir sie draußen am Kopf berühren. Zu Hause beim Kuscheln ist das oft gern gesehen und sogar erwünscht, draußen ist das eine ganz andere Sache. Am Kopf sind die wichtigsten Sinnesorgane zur Absicherung der Umgebung. Mit einer Berührung am Kopf schränken wir das Sichtfeld, den Geruch und auch die Funktion der Ohren ein, daher reagieren viele Hunde hektisch, wenn wir ihnen diese Sicherungsmöglichkeit nehmen. Also - Berührungen lieber halsabwärts.

Hilfreich sind feste langsame Bewegungen. Meiner Hündin hilft es am meisten, wenn ich sie in der Hocke entweder zwischen meine Beine setze oder sie neben mir stehen kann. So kann ich mit den Beinen und meinem Arm Druck auf ihren Brustkorb ausüben. Ich atme dabei ganz bewusst ruhig weiter und es dauert meist nicht lange, bis sie auch einen ruhigeren Atemrhythmus findet und sich zunehmend entspannt. So können wir aufregende Reize in aller Ruhe beobachten, ohne dass sie gezwungen ist, sich im direkten Kontakt damit auseinanderzusetzen.

Grundlegend gilt: Ruhige und bestimmte Bewegungen fördern die Entspannung - nehmen Energie aus dem Hund heraus. Schnelle und eher leichte Berührungen bringen eher noch mehr Energie dazu. Häufig sieht man Menschen ihre Hunde anstupsen, wenn sie ihre Aufmerksamkeit erreichen wollen. Ist der Hund allerdings schon aufgeregt, hilft dieses Anstupsen nur einen kurzen Moment, bringt gleichzeitig noch mehr Aufregung rein und macht es im Anschluss immer schwerer, den Hund zu erreichen. Innehalten und für einige Sekunden die feste Berührung aufrechterhalten, hilft viel mehr als ein kurzer Impuls.

Eine weitere Möglichkeit für mehr Ruhe und Körperwahrnehmung ist es, langsame und konzentrierte Bewegungen zu fördern. Lass deinen Hund auf einem Baumstamm oder Bordstein balancieren, Treppen laufen und sie auf einer Stufe umdrehen, oder lauft gemeinsam durch tiefe Laubschichten über Äste hinweg. Geht dabei so langsam wie nur möglich. Schnell darüber hinwegrasen, kann jeder und das erfordert nicht besonders viel Körpergefühl. Aber ganz langsam die verschiedenen Untergründe erforschen und beim Klettern bewusst die Muskeln zu nutzen, das hilft dabei den Körper ganz bewusst wahrzunehmen.

Spaziergang Start

Der Anfang ist immer wichtig! Egal, ob es der Start in den Tag, der Start in den Urlaub, oder der Start in euren Spaziergang ist. Wie eine Sache begonnen wird, beeinflusst auch, wie sie weitergeht.
Der Anfang dieses Buches war entscheidend darüber, ob du weiterliest oder nicht und mit welcher Stimmung du die Inhalte aufnimmst. Der Anfang eines Spaziergangs beeinflusst, wie du und dein Hund euch fühlen und wie der weitere Verlauf ist.

Gehe ich ganz gemütlich barfuß bei strahlendem Sonnenschein mit meinem Hund los. Direkt raus aus dem Gartentor über die Felder. Voller Vorfreude auf den Spaziergang mit einem entspannten Hund neben mir, der gut gelaunt die Umgebung beobachtet.
Oder beginnt der Wahnsinn schon beim Anziehen des Geschirrs? Schon auf dem Weg zur Haustür diskutiert ihr über das Benehmen deines Hundes und du bist genervt, bevor ihr überhaupt die Wohnung verlassen habt?
Nicht nur deine Stimmung auf dem Spaziergang unterscheidet sich in beiden Varianten, sondern auch die deines Hundes.
Wer aufgeregt startet, braucht viel Aufwand und auch einiges an Erfahrung, um diese Aufregung während des Laufens in Entspannung zu verwandeln.

Doch ein entspannter Start in den Spaziergang ist häufig gar nicht so einfach umzusetzen, oder?
Vielleicht hast du auch schon die Erfahrung gemacht, dass dein Hund anfängt wie ein Känguru zu hüpfen oder aus dem Bellen nicht mehr rauskommt, sobald du die Leine in die Hand nimmst und die Schuhe anziehst.
Häufiger bekommt man dann den Tipp, einfach solange zu warten, bis der Hund ruhig ist und erst dann loszugehen.
So weit, so gut. Manche Hunde schaffen das aber nicht, sich in diesem Moment runterzufahren, sondern im Gegenteil, sie drehen immer mehr auf. Warum ist das so?
Weil die Aufregung durch die Erwartung an einen tollen aufregenden und actionreichen Spaziergang kommt.
Solange am Ende für den Hund immer der pure Adrenalinkick steht, sobald es nach draußen geht, kann ich am Anfang noch so viel Ruhe verlangen. Die Aufregung wird immer wieder verstärkt.

Daher steht dieses Kapitel auch hinter den Möglichkeiten für die Entspannung während des Spaziergangs und nicht davor.
Erst wenn draußen bereits ein wenig mehr Ruhe eingekehrt ist, beginne ich mit der Veränderung am Start. So wird Schritt für Schritt immer mehr Ruhe möglich.

ÜBUNG

Angenommen, du fährst mit dem Auto ein Stück in eine schöne Umgebung, dann könnte ein entspanntes Losgehen so ausschen, dass dein Hund zunächst mit dir im Auto sitzen bleibt und ihr vom dem Kofferraum aus die Umgebung anschaut. Ist er ausgestiegen, bleibt die Leine erst einmal dran und er kann im Umkreis des Autos einige Leckerchen sammeln, bevor ihr im Trödeltempo losgeht.
Sollte dein Hund sich zunächst dringend lösen wollen, erlaubst du ihm das natürlich. Mit voller Blase kann keiner sinnvoll Ruhe und Gelassenheit üben. Kehre dann, nachdem alle Geschäfte erledigt sind einfach zurück zum entspannten Start.

Auch wenn ihr direkt vom Haus losgeht, kannst du Tempo rausnehmen. Niemand zwingt dich schnurstracks loszulaufen. Auch hier kannst du die ersten 50 Meter im absoluten Schleichtempo laufen. Zwischendurch kurz stehenbleiben oder ein paar Meter zurückschlendern.

Einer der schönsten Momente, die ich in der ersten Zeit mit meiner Alma hatte, war ein „Spaziergang“, der direkt vor unserer Haustür stattfand und im Umkreis von 10 Metern blieb.

Klappt das Loslaufen an sich gut, kannst du auch beim Anziehen in der Wohnung noch einige Veränderungen vornehmen. Sehr wahrscheinlich wird es sowieso schon ruhiger ablaufen als vor dem ruhigeren Ablauf draußen. Für die Aufregung, die jetzt übrig ist, hilft es, bestimmte Rituale einzuführen und deinem Hund genau zu sagen was er tun soll. Manche Hunde fühlen sich auch wohl, wenn sie eine klare Vorgabe bekommen, was zu tun ist. Zum Beispiel "Sitz", bis ich fertig angezogen bin.
Wenn zu viel Aufregung aufkommt, halte kurz inne, hilf ihm mit eurem Entspannungssignal, einer Berührung oder anderem, was für euch gut funktioniert, wieder ruhiger zu werden. Dann setzt du das Anziehen fort.

Du darfst bei solchen Übungen immer darauf achten, ob der Hund die Anforderungen gerade umsetzen kann. Wenn er in diesem Moment einfach nur dringend raus muss, weil ihm die Blase drückt, dann zieht euch an und geht raus. Danach kann wieder Ruhe einkehren.

Wichtig ist auch, in welcher Stimmung du dabei bist. Bist du gerade voll gestresst, dann nimm dir die Zeit, um dich ein paar Minuten hinzusetzen, durchzuatmen und dann erst loszugehen. Um dein eigenes Kopfkino und deine Entspannung geht es in einem der folgenden Kapitel noch ausführlich.

Beschäftigungswahnsinn?!

Bisher haben wir uns im Buch ausschließlich Themen rund um die Entspannung gewidmet. Mehr Ruhe, weniger Stress, weniger Action. Aber der Hund muss doch auch beschäftigt werden, oder etwa nicht?

Ich bin überzeugt - kein Hund MUSS beschäftigt werden. Diese Überzeugung existiert nur in manchen Köpfen. Auch der noch so passionierte Jagdhund freut sich darüber, einfach mal nichts tun zu dürfen. So oft erlebe ich Menschen, die das ganze Beschäftigungsprogramm nur deswegen durchziehen, weil sie glauben, dass der Hund das braucht. Dann schleppen sie sich für das gesamte Wochenende zum Mantrailing Seminar. Stehen noch früher auf als an Arbeitstagen, frieren und warten ewig, ärgern sich zwischendurch über die Ungeduld ihrer Hunde, wann es losgeht und fallen abends völlig erschöpft ins Bett. Nicht selten lautet die Begründung für solch eine Freizeitbeschäftigung: „Aber der Hund braucht das."
Schluss damit! Hör auf mit dem Beschäftigungswahn, mach nur noch das, worauf du wirklich Lust hast mit deinem Hund.
Du hast selber Spaß an solchen Mantrailing-Wochenenden und dir ist völlig egal, wie sehr du frierst oder wie müde du abends bist? Super - dann nichts wie los.
Aber wenn das nicht so ist und du es machst, weil man es halt so macht, oder weil du glaubst, es wäre deine Pflicht, um deinem Hund gerecht zu werden, dann tu es bitte nicht.

In unserer heutigen Gesellschaft schaffen wir es nicht mit unserem Alltag, die Hunde zu unterfordern. Wenn du nicht gerade mitten im Wald wohnst und nie Besuch bekommst, dich auch so gut wie nicht mit deinem Hund beschäftigst, dann hat er IMMER genug zu verarbeiten. Und davon gehe ich jetzt mal aus, sonst würdest du wahrscheinlich dieses Buch nicht lesen.

Heißt das jetzt, dass du nie wieder irgendwelche aufregenden Aktivitäten mit deinem Hund tun sollst? Nein, natürlich nicht.
Eine gesunde Balance, die Mensch und Hund gleichermaßen glücklich macht, ist möglich.

„Mein Hund fordert das aber ein!" und „Der muss sich auspowern, sonst geht bei meinem Hund gar nichts", sind ganz häufige Reaktionen auf die Aufgabe, für eine Zeit mal alle extra Beschäftigungen wegzulassen.
Dazu möchte ich dir eine weitere Geschichte erzählen.

Manuela und Snoopy sind ein richtig starkes Team. Manuela war mit ihm von klein auf in der Hundeschule. Sie besuchen dort 2 Mal in der Woche einen Gruppenkurs. Einmal geht es um Erziehung und einmal steht Spiel und Spaß auf dem Programm. Damit sie mit den anderen Teilnehmern mithalten können und richtig gut sind, trainieren die zwei auch auf fast jedem Spaziergang noch verschiedene Sachen. Mal Dummytraining, mal Tricks, mal Dogdancing und eigentlich jedes Mal auch Grundgehorsam. Das klappt super, wenn Snoopy im Übungsmodus ist, dann kann er alles. Nur wenn er weiß, dass gerade kein Training ist, scheint er die Ohren auf Durchzug zu stellen.
Wenn Manuela krank ist und sich nur für kurze Gassigänge vor die Tür schleppt, dann dreht Snoopy förmlich durch, er zieht an der Leine, fordert sie im Haus ständig zum Spielen auf und kommt keine Sekunde zur Ruhe. Manuela schließt daraus, dass er die Beschäftigung braucht, um ruhig zu sein und organisiert sich Unterstützung, die Snoopy richtig auspowert, wenn sie das mal nicht kann.

Als Snoopy fünf Jahre alt war, kam der Tag der Tage. Ein Fahrradfahrer ist in ihn reingefahren. Snoopy hat sich die Hüfte angebrochen und einige Sehnen am Hinterbein waren angerissen. Zum Glück konnte alles gut zusammengeflickt werden, aber für die nächsten 6 Monate war absolutes Schonprogramm angesagt. Leinenpflicht und kontrolliert langsam laufen, bis alles sicher verheilt war.
Manuela dachte: „Jetzt wird es eng!“ Ihr Kopf explodierte förmlich, weil sie keine Ahnung hatte, wie sie es schaffen sollte, ihn ruhig zu halten. Er hatte vorher bereits bewiesen, dass das überhaupt nicht klappt, wenn er nicht täglich voll ausgelastet wird.
Doch Snoopy überraschte sie! In den ersten drei Wochen war ihm überhaupt nicht danach, sich großartig zu bewegen. Die Medikamente sorgten dafür, dass er sowieso viel lieber schlafen wollte. Danach wurde er schon munterer und Manuela war sich sicher, dass es nicht mehr lange dauern konnte, bis er an der Leine Saltos machte vor lauter Langeweile. Und ja - in den ersten Wochen war es schwierig für die beiden. Ihr kompletter Ablauf war gestört, sie mussten völlig neu lernen, wie sie ihre gemeinsame Zeit schön verbringen konnten ohne viel Aufregung.
Hin und wieder fragte er nach und forderte Manuela zum Rennen oder Spielen auf, aber auf ein „Jetzt leider nicht, lass uns doch hier in Ruhe die Enten anschauen“ war die ganze Aufregung verflogen und sie genossen ihre gemeinsame Zeit ohne große Partys. Die Wochen vergingen und Snoopy wurde immer entspannter. Nach und nach schienen ihn die anderen Hunde immer weniger zu stören und auch Dinge, vor denen er sonst immer

wahnsinnige Angst hatte, brachten ihn nicht mehr aus der Ruhe.
Und auch Manuela stellte fest, dass sie die Zeit genoss. Viel weniger Termine füllten ihren Kalender und sie vermisste nur ein paar Menschen, die sie sonst regelmäßig beim Hundesportprogramm getroffen hatte. Daher verabredete sie sich hin und wieder zum „Reha"-Spaziergang mit ihnen und ihren Hunden.
Snoopys Verletzungen heilten gut, die Physiotherapie zeigte ihre Wirkung und schon bald sah man ihm kaum noch an, dass er so stark lädiert war. Mittlerweile war er auch draußen so gelassen, dass es nicht mehr nötig war, ihn an einer kurzen Leine zu führen. Er lief nun an einer Schleppleine, konnte sich so freier bewegen und Manuela hatte dennoch keine Sorge, dass er sich überlasten würde.
Die Ärzte und Physiotherapeuten erklärten Snoopy für fit genug für normale Spaziergänge. Nach einem entsprechenden Aufbauprogramm dürften die beiden sogar wieder ihr Sportprogramm aufnehmen. Doch Manuela möchte das gar nicht mehr. Sie hat nun festgestellt, dass Snoopy das Programm natürlich gerne mitgemacht hat - er kannte von klein auf ja nichts anderes - und dass er es gleichzeitig nicht zwingend braucht, um glücklich zu sein. Die beiden genießen ihre gemeinsame Zeit und Manuela stellt immer wieder kleine Veränderungen in Snoopys Verhalten fest. Wo er früher öfter gereizt und hektisch reagierte, kann er jetzt mit dem ruhigeren Leben viel entspannter umgehen.
Hin und wieder haben die beiden so richtig Lust, mal wieder eine Dummyeinheit zu machen, oder zur Spaßstunde in der Hundeschule vorbeizuschauen und genießen die Zeit.

Vielleicht geht es dir wie Manuela vor Snoopys Krankheit. Vielleicht bist du überzeugt davon, dass dein Hund nicht ohne sein Auslastungsprogramm klarkommt.

Wenn das so ist, dann stell dir eine Frage: Hast du es wirklich schon einmal ausprobiert OHNE all die Beschäftigung und zwar nicht für ein oder zwei Tage, sondern über eine längere Zeit?

Ein Hund, der es über Monate oder Jahre gewohnt ist, ständig in Bewegung zu sein, fordert das natürlich ein! Er kennt ja nichts anderes. Rituale entwickeln sich schnell und unsere Hunde lieben sie. Sie bieten Sicherheit. „Ich weiß, was zu tun ist, also machen wir das."
Angenommen dein Hund fordert immer pünktlich abends um 19.30 Uhr seine Scheibe Käse ein, die er dann immer bekommt. Würdest du mit derselben Überzeugung sagen: „Er braucht die, sonst ist er unglücklich", wie du es über die Auslastung denkst?
Wahrscheinlich würdest du das nicht - außer du bist meine Oma ;). Wahrscheinlich wüsstest du, dass er den Käse gerne haben möchte, weil es ihm schmeckt. Er würde auch gerne 20 Scheiben Käse haben, wenn du sie ihm geben würdest, was du nicht tust, weil du weißt, dass ihm das auf Dauer nicht guttut.

Es kommt also auf die Balance an. „Zu viel" oder „zu wenig" - beides ist nicht gut. Ich wiederhole mich gern, wenn ich sage: „Zu wenig Auslastung für den Hund schaffen wir in unserem Alltag gar nicht." Zu viel passiert ganz schnell, wenn wir die Zeichen nicht richtig deuten.
Aber wie findet man denn die Balance?
Bestimmt bist du selbst schon balanciert. Ob auf einer Mauer, einem Baumstamm oder sogar einer Slackline. Es ist nie so, dass man die Mitte trifft und sofort perfekt im Gleichgewicht stehen oder laufen kann. Meist braucht man anfangs größere Bewegungen nach links und rechts. Nach und nach findet man immer besser die Balance und die Bewegungen werden weniger.

Übertragen auf den Hund bedeutet das Folgendes: Wenn der Hund bisher nur volles Auslastungsprogramm kennt, ist das der volle Ausschlag des Pendels in eine Richtung. Damit die Rituale von „ständiger Anspannung" durchbrochen werden können, braucht es neue, ruhigere Abläufe. Das Pendel schwingt zurück in die andere Richtung. Vielleicht gibt es sogar Phasen, in denen gar keine zum Alltag zusätzliche Beschäftigung dazukommt.
Dann steht ein Urlaub an und das Aufregungspendel schwingt wieder etwas über den Optimalwert. Irgendwann wirst du eure persönliche Mitte erkennen und wissen, was wann für den Hund und dich gut ist und was zu viel ist.

Wie du einen für euch passenden Tagesablauf entwickelst und die bestehenden Rituale durchbrichst, ohne dass ihr beide durch die Umstellung zusätzlich in Stress geratet, darum geht's im dritten Teil des Buches.
Für den Moment möchte ich festhalten:

Alles, was an Freizeitbeschäftigung in eurem Leben stattfindet, sollte deswegen passieren, weil ihr beide Lust darauf habt und nicht, weil du sonst ein schlechtes Gewissen hast. Raus aus dem Beschäftigungszwang, rein ins Lustprinzip.

Beschäftigung ist nicht gleich Beschäftigung

Wie bei so vielen Dingen im Leben und im Umgang mit den Hunden gibt es kein pauschales Gut und Schlecht. Was für den einzelnen Hund eine hilfreiche Beschäftigung ist und gute Laune bringt, ohne ihn dabei völlig verrückt zu machen, kann für den anderen tagelanges „Problemverhalten" auslösen. Dennoch gibt es einige Dinge, die du grundsätzlich beachten kannst, um herauszufinden, welche Beschäftigungen für deinen Hund passend sind.

Ganz allgemein gilt: Je mehr Adrenalin ausgeschüttet wird, desto schwieriger wird das Thema Entspannung.
Ein ruhig ablaufendes, konzentriertes Dummytraining für zehn Minuten auf dem Spaziergang ist etwas völlig anderes als wildes Ballwerfen. Wenn du für dich und deinen Hund Entspannung in den Fokus stellen möchtest, dann hast du auch bei der Wahl der Beschäftigung - wenn ihr Lust dazu habt - eine Möglichkeit, das körperliche Stresslevel zu beeinflussen.

Langsame gleichmäßige Bewegungen, Denksport statt Kraftsport könnte eine Devise sein, die ihr euch setzt.
Zwei Möglichkeiten dafür möchte ich dir jetzt vorstellen.

Eine Variante die nahezu immer durchführbar ist, ist, den Hund Leckerchen suchen zu lassen. Je nach Schwierigkeitsgrad kannst du den Untergrund, den Radius und die Anzahl der Leckerchen variieren.
Diese Form der Beschäftigung hat so viele positive Auswirkungen auf deinen Hund! Häufig ist es so, dass Hunde ihre Umgebung nur noch „wie in einem Tunnel" wahrnehmen, wenn sie hektisch werden und sich nicht mehr aktiv mit den Reizen beschäftigen. Das kann manchmal gut sein, wird allerdings zur Herausforderung wenn der Hund nicht gelernt hat sie im Hirn trotzdem zu verarbeiten. Dann stapeln sich die unverarbeiteten Eindrücke und werden zur Belastung. Wenn der Hund Kapazitäten im Hirn frei hat und auch gelernt hat, diese so zu nutzen, dass überflüssige Reize schnell als „nicht wichtig" abgespeichert werden können, ist so ein „Tunnel" sogar manchmal hilfreich. Dazu aber gleich mehr.
Bei der Nasenarbeit in der Form ist gleichzeitig zur hohen geistigen Aktivität nur eine geringe körperliche Leistung gefragt. So wird der Hund mental stark gefordert und hat in der Ruhephase richtig viel zum Nachdenken, ohne dass dabei das körperliche Stresslevel so stark ansteigt.

Eine weitere Möglichkeit für hilfreiche Beschäftigung ist gleichmäßige ruhige Bewegung. Insbesondere Laufen im Trab ist vielen Hunden sehr von Vorteil, um Stress abzubauen und auch körperlich gut zur Ruhe zu finden.

Je nach Hundegröße kann das schon dann zustandekommen, wenn wir Menschen normal gehen. Sehr kleine Hunde traben meist automatisch beim Spaziergang. Für größere Hunde wäre das zum Beispiel eine gemeinsame Jogging- oder ruhige Fahrradrunde.
Wichtig dabei ist, dass der Hund ruhig und locker laufen kann, und nicht im Stechtrab wild durch die Gegend rast. Für viele Hunde ist das zu Beginn des Entspannungstrainings noch nicht möglich, da sie durch körperliche Aktivität jeder Art sofort auch aufgeregt werden. Daher empfiehlt es sich meist erst dann damit anzufangen, wenn schon etwas mehr Ruhe im Alltag Einzug gehalten hat.
Läuft der Hund ganz gleichmäßig und locker mit, ist der Effekt häufig ähnlich wie bei einem menschlichen Läufer. Die Gedanken kommen zur Ruhe, die Außenreize werden ein Stück weit ausgeblendet und der Körper findet in einen ruhigen gleichmäßigen Rhythmus.
Wenn der Punkt gekommen ist, an dem der Hund so entspannt ist, dass ihr beiden gerne ein Hobby aufnehmen möchtet, dann können zum Beispiel Dogtrekking, Canicross und ähnliche Sportarten schöne Abwechslungen sein. Wenn du dich damit näher beschäftigen möchtest, findest du Literaturempfehlungen am Ende des Buches.

Egal, welcher Aktivität du und dein Hund gerne nachgeht, - mit einer kleinen Veränderung im Ablauf, kannst du für deinen Hund einen großen Unterschied in der Aufregung machen.
Vielleicht kennst du das, wenn du gerade mit deinem Hund etwas geübt hast und er dann noch Minuten später aufgeregt in deiner Nähe läuft, um zu erfahren, was er jetzt tun soll. Oder ihr habt für einige Minuten mit einem Spielzeug gespielt und dein Hund kann das Ende nicht finden und versucht immer und immer wieder, dich zum Weiterspielen zu animieren.
So wird aus der eigentlich kurzen lustigen Übungseinheit häufiger eine halbe Stunde erregte Diskussion über „weitermachen oder aufhören“, in der der Hund weiterhin die Spannung aufrechterhält.
Hier kann ein eindeutiges Signal für „Übung/ Spiel/ Aktivität beendet“ deinem Hund helfen, nach der Anspannung schneller wieder zurück in einen entspannten Zustand zu finden.

Bei mir heißt dieses Signal „Vorbei“.
Für den Aufbau sind lediglich wenige Schritte notwendig. Nutze das Signal zunächst dann, wenn du sicher sagen kannst, dass die Aktivität jetzt vorbei ist. Zähle zum Beispiel die Leckerchen, die dein Hund suchen soll und sage „Vorbei“, wenn er alle gefressen hat. Spiele kurz mit ihm, und

sage „Vorbei“ in dem Moment, wo du das Spielzeug wegräumst. Trainiere für einige Wiederholungen eine Aufgabe, sage „Vorbei“, wenn du die Übungseinheit beendest.
Auch wenn er zunächst noch nichts mit dem Wort anfangen kann, wird er nach und nach verstehen, was es bedeutet und sich dann immer schneller wieder entspannen. Wichtig ist dabei, dass du freundlich und ruhig bleibst; es gibt keinen Grund das Signal laut oder ärgerlich zu formulieren. Außerdem sollte anschließend an das Signal für die nächste Zeit von ungefähr 15 Minuten auch wirklich kein weiteres Training oder Spiel stattfinden, damit der Hund nicht darauf wartet, ob die Party vielleicht doch noch weitergeht.
Es werden einige Wiederholungen nötig sein, bis dein Hund ungefähr versteht, was es mit dem „Vorbei“ auf sich hat. Weitere Male wird er schon immer besser herunterfahren können. So kann es - wenn du das Signal 1-2 Mal am Tag mit einbaust - durchaus 2-3 Wochen dauern bis du den Effekt sehen kannst. Dranbleiben lohnt sich!

Selbst entspannt bleiben

Sabine ist eine echt taffe Frau. Mit 2 Kindern einen Teilzeitjob im Büro und mindestens einem Vollzeitjob als Mama ist ihr Leben turbulent. Ruhe kehrt selten ein. Heiko - ihr Mann - ist ein liebevoller Vater, kümmert sich, wenn er da ist, auch gerne mit um den Haushalt und sie teilen sich die Aufgaben gut auf. Allerdings ist er mindestens an drei Tagen in der Woche beruflich verreist und so hat Sabine alle Hände voll zu tun.
Um das Leben komplett zu machen, zieht Kati ein, eine supersüße Labradorhündin. Sabine möchte alles richtig machen. Sie informiert sich darüber, welche Bedürfnisse der Hund hat, bucht schon, bevor Kati einzieht, einen Hundetrainer, damit alles perfekt ist für die kleine Maus.
Alle lieben die Hündin und sie benimmt sich mustergültig. Sie ist lieb zu den Kindern und im Haus ein echter Traumhund. Nur die Spaziergänge, die Sabine meistens mit ihr allein unternimmt, sind eine echte Herausforderung. Kati bellt alles an. Egal, ob es fremde Menschen, Hunde, Mülltonnen oder Blätterhaufen sind.

Sabine hat schon viel mit ihr trainiert, aber es wird einfach nicht besser. Besonders komisch ist, dass Kati das nicht macht, wenn die Kinder dabei sind oder Heiko mit ihr rausgeht.

Sabine ruft mich an und wir vereinbaren einen Termin zum gemeinsamen Spaziergang. Sie kommt ein paar Minuten später, steigt schnell aus dem Auto aus und lässt Kati aussteigen. Ich bitte sie, während sie mir genauer von ihrer Herausforderung erzählt, alles genauso zu machen wie sonst auch. Sie erzählt mir in rasender Geschwindigkeit, worum es geht und schon nach wenigen Minuten bekomme ich eine Kostprobe von Katis Verhalten. Ein Regenschirm steht zum Trocknen vor einer Haustür.
Sabine sieht ihn zuerst und sagt: „Oje, da wird sie bestimmt gleich bellen."
Sabine, die schon vorher mit straffem Schritt gelaufen ist, nimmt noch mehr Fahrt auf, ihre Anspannung ist förmlich spürbar. Kati, die vorher noch gar nicht zum Haus geschaut hatte, blickt sich suchend um, entdeckt den Regenschirm, springt nach vorne und bellt diesen hysterisch an. Es ist nicht möglich, sie davon abzulenken oder sie zum Aufhören zu bewegen. Sabine geht schnell weiter und erst nach ca. 50 Metern Abstand beruhigt sich Kati langsam wieder.
Sabine ist immer noch angespannt; ihr ist es peinlich, die Nachbarn haben gesehen, dass Kati schon wieder so einen Lärm gemacht hat. „Siehst du - ich habe gewusst, dass das passiert.", sagt sie.
„Genau das ist der Punkt", antworte ich und wir beginnen mit dem Training. Aber wir trainieren nicht Kati, sondern ich helfe Sabine, ihr eigenes Kopfkino zu entdecken und so zu verwandeln, dass es ihr hilft, statt Probleme herbeiruft. Außerdem verändern wir etwas im Ablauf für Sabine. Bisher hat sie die Spaziergänge mit Kati immer schnell zwischendurch erledigt und wollte ihrer Hündin möglichst viel Zeit draußen gönnen. Ich schlage ihr vor, 10 Minuten der Spaziergangzeit für sich zu nutzen. Sich ganz bewusst Zeit zum Abschalten zu gönnen und erst eine Tasse Tee zu trinken oder sich ihrer schon lange vernachlässigten Yoga-Matte zu widmen. Erst dann soll sie zum Spazieren losgehen und auch diese Zeit für sich als Ruhezeit nutzen.
Schon nach wenigen Tagen bemerkt Sabine eine Veränderung. Kati bellt viel seltener und Sabine fühlt sich nach einem Spaziergang erholt. „Jetzt weiß ich auch, warum das bei Heiko so gut klappt", sagt sie, „weil er die Zeit mit Kati immer als Auszeit und nicht als Aufgabe sieht."

So wie Sabine geht es ganz vielen Hundehaltern und sicher hast auch du schon die Erfahrung gemacht, dass deine eigene Anspannung sich auf deinen Hund überträgt. Andersherum funktioniert das natürlich auch. Wenn dein Hund super nervös und aufgebracht ist, kann es sein, dass seine Gereiztheit auf dich übergeht. Es gibt ganz verschiedene Möglichkeiten diese Stressursache zu lösen. Auf einige davon gehe ich in diesem Kapitel ein.

Positive Bilder machen - das Kopfkino bewusst nutzen

„Wo kämen wir denn hin, wenn ich alles glauben würde, was ich denke?"
Wer kennt sie nicht, diese kleinen fiesen Kinofilme, die völlig ungefragt in unserem Kopf ablaufen. Wenn wir sie nicht steuern, zeigen sie uns gerne Gefahren auf und spielen regelrechte Horrorstreifen ab. Wenn der Hund freiläuft, sehen wir ihn vor unserem inneren Auge schon fast auf die Straße laufen. Kommt ein fremder Hund entgegen, zeigt das Kopfkino, wie die beiden sich ankeifen und vielleicht sogar gegenseitig verletzen.
Sind laute Geräusche zu hören, erwarten wir völlig automatisch, dass unser Hund anfängt zu bellen.

Dass diese Filme wenig hilfreich sind, leuchtet dir bestimmt ein. Vielleicht ahnst du auch schon, wie sehr sie deinen Hund beeinflussen. Diese Ahnung kann ich bestärken! Hunde kommunizieren auf so vielen unbewussten Ebenen mit uns, dass die Dinge, die wir sagen, oder was wir tun, nur ein Bruchteil der Information ist, die wir den Hunden übermitteln.
Wenn du deinen Hund rufst und dabei gedanklich die ganze Zeit ein Film abläuft, wie der Hund wegrennt und ihm etwas Schlimmes passiert, dann bekommt dein Hund völlig unterschiedliche Informationen von dir.
Und auch wenn du an diese Form der Informationsübertragung nicht glaubst, so hast du ganz bestimmt schon die Erfahrung gemacht, dass deine Körpersprache deinen Gedanken folgt.
Wenn dein Kopf gerade denkt, dein Hund rennt von dir weg, dann ist dein

Körper in absoluter Alarmbereitschaft angespannt. Alles an dir sagt dem Hund nach außen hin - Bleib bloß weg!
Dein Puls steigt an, deine Haltung ist angespannt, dein Blick starr auf deinen Hund gerichtet und vielleicht hältst du sogar den Atem an. Dein Hund registriert all das häufig schneller, als du es mitbekommst und handelt entsprechend. Ziemlich doof, wenn das Kopfkino doch automatisch ablaufen würde und du gar nichts dagegen tun könntest.
Die gute Nachricht ist - du kannst entscheiden, was dein Kopf denkt. Du bist der einzige Mensch, der einen Einfluss auf deine Gedanken hat. Das ist beruhigend und beängstigend zugleich. Beängstigend, denn das bedeutet gleichzeitig, du hast selbst zugelassen, dass die Horrorfilme laufen. Und beruhigend, denn du kannst für die Zukunft die Filme in deinem Kopfkino verändern!

Auch wenn du nicht bewusst darüber entschieden hast, so hat dein Kopf sich bis jetzt schon sehr lange darin üben können, wie man Horrorfilme abspielt. Es braucht Übung, um das zu verändern. Eine Möglichkeit wie du hier immer mehr positive Bilder für dich gestalten kannst, zeige ich dir jetzt.

Denke an die Momente mit deinem Hund, die dir aktuell Schwierigkeiten bereiten. Vielleicht sind das Hundebegegnungen, vielleicht ist es das Autofahren, vielleicht das An-der-Leine-Laufen. Ganz egal, was. Beobachte dich zunächst dabei, welche Gedanken dir durch den Kopf gehen, wenn du an diese Momente denkst. Was denkst du, wenn du in der Ferne einen anderen Hund entdeckst, oder bei der Notwendigkeit der nächsten Autofahrt mit deinem Hund?

Mach dir diese Filme ganz bewusst. Häufig sehen wir genau das in unseren Gedanken vorher, was der Hund später tut. Er springt in die Leine und bellt, oder kommt auf der ganzen Fahrt nicht zur Ruhe.
Manchmal ist der Film sogar viel krasser, als die Realität schon gezeigt hat. Eine Kundin von mir hat sich solche Sorgen um ihren Hund gemacht und ihn vor ihrem inneren Auge blutüberströmt beim Tierarzt gesehen nach einer Auseinandersetzung mit einem anderen Hund. Dabei hatte dieser Hund in seinem Leben noch keine einzige wirklich ernsthafte Begegnung. Alles, was er tat, war an der Leine bellen, wenn er seinen Gegenüber sah.
Verrückt, diese Filme!

Ganz egal, was in deinem Kopf abläuft, nimm dir den Film vor und wandle ihn in die beste Version um, die du dir vorstellen kannst.
Stell dir zum Beispiel detailliert vor, wie ihr beide gemeinsam in der Distanz einen Hund seht. Du bleibst ganz ruhig und läufst entspannt weiter. Dein Hund sieht den anderen, reagiert aber sonst auch nicht weiter auf ihn. Ihr kommt näher und du grüßt den Menschen. Mit völlig entspannten und ruhigen Hunden geht ihr aneinander vorbei. Nach der Begegnung freust du dich darüber, so einen netten Menschen mit seinem Hund getroffen zu haben.

Nun hast du ein Drehbuch für einen echten Liebesfilm. Diesen Film lässt du nun immer wieder am Tag in deinem Kopf ablaufen, damit du Übung darin bekommst und nicht mehr über den Ablauf nachdenken musst. Kommst du nun im echten Leben in eine ähnliche Situation und dein Kopf beginnt schon die alten Horrorfilme auszupacken, nimm das wahr, lächle und denke dir „Heute nicht!“ und lege den Liebesfilm ein.

Je mehr der Liebesfilme du bewusst in deinem Kopf steuern kannst, desto leichter wird es dir fallen, deinem Hund in den für ihn schwierigen Momenten Gelassenheit vorzuleben.

Dein Hund als Chance für mehr Gelassenheit

„Probier's mal mit Gemütlichkeit, mit Ruhe und Gemütlichkeit jagst du den Alltag und die Sorgen weg…“ Balu aus dem Dschungelbuch weiß das. Gelassenheit ist auch im Umgang mit dem Hund sehr wertvoll.
Wer gelassen auch in schwierigen Situation reagiert, der kann überlegt handeln und seinem Hund zur Ruhe verhelfen. Wer stattdessen selbst hektisch und aufgeregt wird, der kann bestenfalls keine Stütze sein und wird meistens sogar die Situation noch schwieriger machen.

Außerdem ist es gut für den Blutdruck und unser eigenes Wohlbefinden, wenn wir uns nicht ständig ärgern oder panisch reagieren, nur weil der Hund ein Verhalten zeigt, was in dem Moment nicht erwünscht ist.
Wie kannst du es also schaffen, dass dich solche Situationen nicht auch so aufregen wie deinen Hund?
Hierbei ist wichtig herauszufinden, warum du dich in den Momenten aufregst. Angenommen, dein Hund flippt bei fremden Geräuschen völlig aus. Warum bist du dann außerhalb deiner Balance? Das Geräusch ist es wahrscheinlich

nicht, denn du weißt, wo es herkommt und dir persönlich macht das Geräusch keine Sorgen. Es ist auch nicht das Bellen deines Hundes, oder? Denn ein Hund ist ein Hund und dementsprechend gehört Bellen zu seinem völlig natürlichen Kommunikationsverhalten. Und in anderen Situationen, wenn ihr gerade gemeinsam im Wald tobt und dein Hund bellt, reagierst du auch nicht aufgebracht, oder? Doch was ist es dann?
Ist es die Sorge, was die Nachbarn darüber denken könnten, dass dein Hund bellt? Oder fühlst du dich schlecht, weil du schon so oft versucht hast, deinem Hund beizubringen, dass er bei Geräuschen ruhig bleiben kann und es klappt nicht? Ist es, dass du nicht weißt, wie du reagieren sollst? Oder ist es etwas ganz anderes?
Wenn du für dich herausfindest, was an der Situation dir wirklich Stress macht, kannst du viel besser damit umgehen!

Sind es die Nachbarn? Dann mach dir Folgendes klar: Ein Hund ist ein Hund und Hunde bellen manchmal. Du hast nicht immer einen Einfluss darauf und kannst zu 100% beeinflussen was passiert. Wenn Nachbarn sich aufregen weil Kinder laut spielen oder Hunde bellen, dann ist das ihre Entscheidung, die du nicht verändern kannst.
Hast du Sorge, du reagierst nicht richtig? Mach dir klar, dass die Aufregung und der Stress deinem Hund gehört und nicht dir. Dein Hund ist genauso ein mündiges Lebewesen, wie du es bist. Du kannst Rahmenbedingungen schaffen, in denen er sich gut entspannen kann und ihm beibringen, wie das geht. Aber du kannst ihn nicht zwingen und du bist nicht allein dafür verantwortlich, dass er diese Angebote immer und in jeder Situation nutzt.

Werde dir also klar darüber, was es wirklich ist, was dir Stress bereitet und überlege, ob das sinnvoll ist, oder ob du die Gedanken darüber verändern möchtest.

Jedes Mal, wenn du dich mit aufregst, erinnere dich daran und überlege, ob das hilfreich für die Situation ist. Kannst du gerade nichts daran ändern? Dann ist das so. Aufregen lohnt sich nicht.
Kannst du etwas tun, um es deinem Hund leichter zu machen? Super! Problem gelöst, kein Grund sich aufzuregen.

Wenn du gelassen bleibst, hilfst du deinem Hund in jedem Fall als sein sicherer Fels in der Brandung. Das wäre doch ein schönes Ziel! Weil ich weiß, dass ruhig bleiben oft ganz schön schwer ist, habe ich im nächsten Kapitel noch ein paar kurze und einfache umsetzbare Tipps, wie das gelingen kann.

Atmen hilft

Es klingt viel zu einfach, um wahr zu sein. Aber der beste Tipp, den ich je bekommen habe, wenn es um mehr Ruhe geht, lautet: „Atmen hilft!“
Egal, ob in Prüfungssituationen, mitten in einem Streit oder eben auch im Alltag mit den Hunden - die meisten Menschen, die ich bisher kennengelernt habe, halten meist unter Anspannung reflexartig die Luft an.
Das ist auf vielerlei Weise gerade in diesen Momenten für die Lösungsfindung hinderlich. Zum einen bleibt mit angehaltener Luft auch die Spannung im Körper, zum anderen wird das Gehirn nicht mehr mit genügend Sauerstoff versorgt. Denken und locker flockig bewegen wird schwer.

ÜBUNG

Daher: Wenn du merkst, dass sich in dir Spannung aufbaut, atme AUS. Erst ausatmen und Spannung rauslassen.
Danach atme bewusst in gleichmäßigen tiefen Atemzügen weiter, bis du wieder entscheiden kannst, wie es weitergeht.

Probiere das am besten gleich einmal aus. Denke an eine unangenehme Hundebegegnung oder einen anderen doofen Moment mit deinem Hund. Erwischst du dich beim Luftanhalten?
Dann halte die Luft kurz weiter und spüre in deinem Körper, was dann passiert. Dann atme bewusst aus. Und fühle wieder in dich hinein, was macht das mit dir? Wie empfindest du jetzt die Situation?

Für diese Mini-Übung hast du IMMER Zeit! Immer. Egal, ob euch ein anderer Hund entgegenkommt, dein Hund sich in deinen Augen unnötig aufregt oder deine Schwiegermutter dir eine verbale Spitze verpasst hat. Wenn du Zeit hast, um zu erstarren und die Luft anzuhalten, dann hast du auch Zeit, um auszuatmen und dich bewusst ans Atmen zu erinnern.

ÜBUNG

Wenn du dann noch einige Sekunden mehr Zeit als das hast, kannst du die Übung noch erweitern. Während du gleichmäßig weiteratmest, spürst du in deine Füße und fühlst den Kontakt zur Erde. Gehe weiter und mach einen kurzen Check in deinen Beinen, spüre deine Schultern, deinen Kopf, deine Hände. Konzentrier dich für diesen Moment ganz auf dich, ganz egal, was dein Hund währenddessen tut.

So vorbereitet, bist du voll in deiner Mitte, gut mit Sauerstoff versorgt und kannst jetzt viel besser mit der bevorstehenden Herausforderung umgehen und hilfreiche Entscheidungen treffen.

Weniger Worte, mehr Bedeutung

Die Sprache, die Hunde quasi als erste Fremdsprache mitbringen, ist das Lesen unserer Körpersprache. Erst weit dahinter kommt das Verständnis für die erlernten verbalen Begriffe, die wir ihnen beibringen - bewusst oder unbewusst.
Wenn unsere Körpersprache für unseren Hund plötzlich weniger Informationsgehalt hat als unsere verbalen Äußerungen - oder dem sogar widersprüchlich ist, dann ist das anstrengend für die Vierbeiner.
Gerade bei Frauen bringt die hohe Stimmlage noch einen gewissen Grad an Aufregung dazu.

Gute Gründe also, sich wieder auf die Körpersprache und die bewusste Kommunikation darüber zu besinnen. Ausnahmslos alle Hunde, mit denen ich bisher arbeiten durfte, reagierten auf körpersprachliche Signale wesentlich ruhiger als auf die Stimme.

Beobachte dich auch hier wieder selbst. Wieviel sprichst du mit deinem Hund, ohne dass dabei eine körpersprachliche Information bei deinem Hund ankommt? Welche verbalen Signale nutzt du - insbesondere beim Spazierengehen - wenn das Handzeichen eigentlich auch gereicht hätte. Vielleicht fällt dir bei der Beobachtung schon etwas auf, was du ändern möchtest.
Vielleicht möchtest du etwas anderes ausprobieren, um den Unterschied zu erfahren.

Ich lade dich auf ein Experiment ein.
Beginne zunächst damit, deine verbale Kommunikation mit dem Hund wieder bewusst körpersprachlich zu begleiten. Wenn du ihn zu dir rufst, gehe einen Schritt zurück und gib dem Hund den Raum frei. Soll er stehenbleiben, bleibe auch du stehen. Nutze deine freie Hand, um ihm bei der Leinenführigkeit Hilfestellung zu geben.
Fühlst du dich wieder sicherer in deiner Körpersprache, beginnst du nach und nach, weniger zu sprechen und ohne die verbalen Signale

auszukommen.
Trau dich für einen bestimmten Zeitraum auf dem Spaziergang oder zu Hause, oder sogar für einen ganzen Spaziergang das Experiment „stumme Kommunikation“ zu nutzen. Und sei gespannt, was dann passiert.

Häufig erlebe ich, dass die Hunde dann ruhiger und aufmerksamer werden. Wenn nicht ständig eine hörbare Information kommt, lohnt es sich, auch wieder zu schauen. Wenn dann eine wertvoller körpersprachlicher Austausch stattfindet, ist dein Hund mehr als dankbar, diesen Kommunikationsweg wieder entdeckt zu haben.

Du wirst überrascht sein, wie wenig Sprache du tatsächlich brauchst und wie schön es ist, in völliger Stille und im Einverständnis mit dem Hund den Tag zu gestalten.

Bist du eine angenehme Begleitung?

Ein weiterer Stressfaktor für dich und deinen Hund ist die Art und Weise, wie ihr auf dem Spaziergang miteinander umgeht. Ich beobachte häufig Menschen draußen, die entweder von Mensch zu Mensch oder mit ihren Hunden so dermaßen miese Stimmung verbreiten, dass ich schnell vorbeigehen möchte, oder sogar die Richtung wechsle.
Unser aller Traumziel ist es doch, im Einklang miteinander unterwegs zu sein, ohne uns dabei noch mehr schlechte Laune mit nach Hause zu nehmen. Deins auch? Gut! Dann lass uns hier genauer herausfinden, welche Dinge eine Begleitung bereichernd und angenehm machen und welche Dinge den Spaziergang zum Nervfaktor verkommen lassen.

Wenn du mit einem anderen Menschen spazieren gehst, was empfindest du als angenehm, was als störend?
Ich gehe von mir aus - vielleicht stimmst du mir zu.
Ich empfinde einen Spaziergang dann als angenehm, wenn ich gute Gespräche oder einvernehmliches Schweigen mit dem anderen Menschen teilen kann. Die ausgewählte Strecke, die Länge des Weges und das Tempo sollten für beide gleichermaßen in Ordnung sein. Wenn mein Gegenüber stehen bleiben möchte, oder ich stehen bleibe, er aber lieber weiter will, sprechen wir darüber. Wir gehen liebevoll miteinander um und die Stimmung ist gut.

Im Gegensatz dazu empfinde ich es als sehr unangenehm, wenn mein Partner nur an mir rumnörgelt und miese Stimmung verbreitet. Er eine Strecke wählt, ohne sie mit mir abzusprechen, die ich nicht gerne laufen möchte. Er viel zu schnell für mich läuft. Er mich einfach weiterzieht, oder genervt alleine weitergeht, wenn ich irgendwo vertieft in den Anblick einer Blume stehenbleibe. Wenn er nicht sagt, was er möchte, aber genervt ist, wenn ich nicht das tue, was er erwartet hat.

Findest du dich darin wieder und würdest mir für Spaziergänge mit einem Menschen zustimmen?
Ja - super! Genau das gilt auch für den Spaziergang mit deinem Hund.

Dein Hund bleibt stehen und schnüffelt vertieft an einem Grasbüschel, du möchtest aber gerne weitergehen? Gut, dann sag deinem Hund, dass es weitergeht, statt ihn einfach an der Leine mitzuziehen. Dein Hund hat offensichtlich heute richtig viel Lust einen bestimmten Weg entlangzugehen und es spricht nichts dagegen? Dann erlaube ihm doch auch einmal die Entscheidung über den Weg zu treffen.
Heute scheinen die Gerüche ganz spannend zu sein und er bleibt überall stehen, um zu schnüffeln und du hast es nicht eilig? Super, dann spricht nichts gegen eine ausgiebige Schnüffelrunde.
Dein Hund zeigt hin und wieder Verhalten, was dir nicht gefällt? Klar, das passiert. Ist doch kein Beinbruch. Und weißt du, wozu wir Menschen neigen? Wir sagen immer nur dann etwas zum Hund, wenn er etwas in unseren Augen Unerwünschtes tut. Das kommt dem Nörgeln, was wir selbst als ziemlich nervig und unangenehm empfinden, schon recht nahe, findest du nicht? Du kannst darauf achten, deinem Hund wieder mehr Anerkennung zu schenken für die Dinge, die er schon gut macht. Das sind ganz viele, da bin ich mir sicher!

Wenn du die Gedanken aus diesem und den vorherigen Kapiteln zum Thema „Selbst entspannt bleiben“ in deiner Art für dich nutzt, dann wirst du ganz automatisch zu einer Person mit der du selbst gern gemeinsam laufen und leben würdest. Wenn du das über dich sagen kannst, geht es auch deinem Hund so, das verspreche ich dir!

Der Körper als stabile Basis

Wenn es darum geht, ein entspanntes Leben zu führen, dann gehört untrennbar auch dazu, dass es dem Körper gut geht. Gesundheit und die passende Ernährung haben einen großen Einfluss darauf, wie viel Stress der Körper abpuffern kann, oder bringen sogar zusätzliche Stressoren dazu.

Warum? Nun stell dir vor, auf einer Wanderung hast du die ganze Zeit einen drückenden Schuh, du musst aber nach Hause laufen, um das unangenehme Drücken zu verhindern. Der Weg ist noch weit. Du bist genervt und dein Fuß tut weh. Die Landschaft genießt du schon lange nicht mehr. Nach spätestens einer Stunde beginnst du anders zu laufen, um dem Druck zu entgehen. Das führt dazu, dass auch noch dein Knie und dein Rücken allmählich wehtun. Von hinten kommen Wanderer, die etwas schneller sind als du und beschweren sich, dass sie auf der schmalen Strecke nicht gut an dir vorbeikommen. Wie entspannt bleibst du? Nicht so besonders? Ich auch nicht!
Und das ist nur ein einziger Tag, der nicht gut läuft.
Was wäre, wenn du jeden Tag etwas isst, was dir regelmäßig leichte Übelkeit verursacht? Oder wenn in deinem Essen etwas ist, was auf deinen Körper wie die 5-fache Dosis Koffein wirkt, die du sonst zu dir nehmen würdest?
Meinst du, es würde helfen, wenn du einen Meditationskurs belegst, wenn der Druck im Schuh dauerhaft da ist und du schon mit dem Frühstück innerlich völlig aufgedreht wirst?
Eher nicht, vermute ich.

Genau deswegen ist es relevant, körperliche Ursachen für Aufregung beim Hund auszuschließen.
Ich kann und möchte in diesem Buch weder vollumpfänglich alle erdenklichen Gründe auflisten, noch konkrete Ernährungsempfehlungen geben. Die kommenden Absätze sind als Ideensammlung gedacht, die dir bei der Ursachenforschung hilft.

Unpassendes Equipment

Ein unpassendes Geschirr, das bei jedem Schritt an der Seite zieht, oder das den Bewegungsablauf so verändert, dass auf Dauer Verspannungen entstehen, sehe ich sehr häufig! Entweder wird die Schulter blockiert, oder die Achseln werden bei jedem Schritt gereizt. Oder wenn der Hund am Halsband geführt wird, ein ständiges Wackeln an der Leine.
Schon das nervige Klimpern der Hundemarke oder anderer „Anhängsel" kann manche geräuschempfindlichen Hunde erheblich stören.

Das sind tendenziell keine großen Gründe, die den Hund sofort ausflippen lassen. Denke aber an das Stressfass vom Anfang des Buches. Wenn man 10 Kleinigkeiten gefunden hat, die das Stresslevel um jeweils 1% senken, ist das jede Menge an Entspannungswirkung!

Schmerzen

Ein Piksen im Rücken, Zahnschmerzen, Bauchgrummeln, eine leichte Blasenentzündung oder auch schlicht zu lange Krallen, die bestimmte Bewegungen erschweren - all diese Dinge können Hunde wunderbar verbergen, wenn wir nicht genau hinschauen. Sie können jahrelang damit leben, ohne dass Jemand etwas bemerkt. Und doch wirkt es sich auf das Wohlbefinden und das Stresslevel aus.

Milou - eine Hündin, die zu mir ins Training kam - war ein ganz besonderes Beispiel, was das verdeutlicht. Sie war ausgesprochen ungehalten im Kontakt mit anderen Hunden, auch Körperkontakt mit Menschen wollte sie nur unter ganz bestimmten Umständen und auf gar keinen Fall am Kopf. Sie schlief meist nur im Sitzen ein, denn wenn sie lag, war sie nach spätestens 10 Minuten wieder auf den Beinen. Milou war völlig erledigt, als ihr Herrchen mit ihr zu mir kam. Ich sollte den beiden helfen, damit Milou endlich wieder schlafen kann und besser mit anderen Hunden umzugehen lernt. Nachdem mir ihr Herrchen von ihrem Schlafproblem erzählte, war für mich absolut klar, dass vor jedem Training ein Checkup beim Tierarzt Pflicht war. Gemeinsam mit einer auf Verhalten spezialisierten Tierärztin gingen wir die Probleme durch und sie fand direkt bei der ersten Untersuchung die Ursache. Milou hatte einen Riss in einem der hinteren Backenzähne. Von außen sah das nicht besonders schlimm aus, aber Milou explodierte förmlich, als die Tierärztin sie dort in der Nähe berührte. Auf dem Röntgenbild sahen wir dann das Ausmaß der Entzündung. Die Hündin muss unglaubliche Schmerzen gehabt haben. Dazu kam, dass der Abszess genau so gelagert war, dass es drückte, sobald sie den Kopf ablegte.
Nach der OP und der Regenerationszeit ging es Milou schon viel besser. Sie konnte schlafen und ließ sich auch wieder von ihrem Herrchen anfassen.
Sie hatte noch Probleme von allein zur Ruhe zu kommen und auch andere Hunde hielt sie nach wie vor lieber auf Abstand. Das war kein Wunder, denn sie hatte monatelang keinen echten Schlafrhythmus gehabt und durch ihre Schmerzen waren ihre Erfahrungen mit Hundekontakten sehr negativ geprägt.

Da sie körperlich nun wieder fit war, stiegen wir ins Training ein und innerhalb von 2 Monaten rief mich Milous Herrchen glücklich an und erzählte mir von einem friedlichen gemeinsamen Spaziergang mit einer anderen Hündin.

Die Hormone

Damit der Körper funktionieren kann und wir überleben können, wirken eine Vielzahl an Hormonen, Botenstoffen und anderen chemischen Komplexen mit, die ganz unsichtbar im Körper ihre Arbeit erledigen.
Manchmal kommen die Prozesse aus dem Gleichgewicht und sorgen damit zum Beispiel dafür, dass Stoffwechselprozesse oder das Gehirn nicht mehr so funktionieren können, wie es vorgesehen ist.
Als erstes denkt man dabei sicher an die Sexualhormone. Rüden, die im Frühjahr, wenn die meisten Hündinnen läufig werden, in Stress geraten und nicht mehr richtig fressen, kennt wohl fast jeder. Aber auch Hündinnen haben mit den Auswirkungen ihres Zyklus hin und wieder auch Verhaltensveränderungen, die deutlich sichtbar werden. In der einen Zeit werden sie sehr anhänglich und zwei Wochen später sind sie reizbar und ungeduldig. Auch

scheinbar „übertrieben“ aggressive Reaktionen gegenüber anderen Hunden treten bei manchen Hündinnen phasenweise auf.
Vielleicht denkst du - ist doch ganz klar, dafür gibt es eine einfache Lösung - kastrieren wir den Hund und schon gibt es mit den Hormonen keine Probleme mehr. So einfach ist es nicht. Denn auch die Sexualhormone gehören zu dem Gleichgewicht an Hormonen im Körper dazu. Ihre Produktion zu stoppen, bringt nur selten den gewünschten Effekt, denn dann fehlen sie an anderer Stelle und stören dort das Gleichgewicht.
Abgesehen davon, dass vor jeder Kastration oder Sterilisation schon tierschutzrechtlich ein medizinischer Grund da sein muss, ist es immer ratsam vor der Kastration über andere Wege zu versuchen, den Hormonhaushalt ins Gleichgewicht zu bringen.

Ein weiterer häufigerer Problempunkt ist die Schilddrüse. Was die meisten Tierärzte wissen, ist, dass eine Schilddrüsenunterfunktion den Hund dick und antriebslos und das Fell stumpf werden lässt. Allerdings kann auch genau die gegenteilige Symptomatik auftreten. Hyperaktivität, schnelle Reizbarkeit, viel Fressen ohne Gewichtszunahme, auch all das kann ein Hinweis auf eine Schilddrüsenunterfunktion sein. Die Diagnose ist komplizierter, als es im Standardverfahren gemacht wird und so braucht es Spezialisten, um eine Unterfunktion auch bei einem Hund in jungen Jahren zu erkennen.
Aus Almas Geschichte weiter vorn im Buch weißt du, dass wir 5 Tierärzte gebraucht haben, bis wir eine saubere Diagnose hatten. Sehr schnell nach der medikamentösen Unterstützung ihrer Schilddrüse war Alma um 5 Stufen ruhiger als sonst. Alles, was ich vorher mit Training nicht verändern konnte, löste sich plötzlich in Luft auf. Es lohnt sich hier genau hinzuschauen bzw. hinschauen zu lassen. Ergänzende Literaturempfehlungen findest du am Ende des Buches.

Ernährung - du bist, was du isst.

Neben der Erziehung des Hundes gibt es kein Thema, das so ausgiebig und emotional diskutiert wird, wie dessen Ernährung.
Über die Zubereitungsart des Hundefutters werden wahre Glaubenskriege geführt. Ich frage mich häufiger, ob dieselben Menschen, die mikrogrammgenau die Futterzusätze ihrer Hunde abwiegen, auch ihr eigenes Essen überwachen.
Dabei wird viel mehr über die Form der Zubereitung diskutiert als über die eigentlichen Inhaltsstoffe. Ob nun roh oder gekocht, selbstgemacht oder fertig gekauft, darüber spricht alle Welt. Aber was dann wirklich drin ist, das weiß kaum einer.
In BARF-Rationen wird möglichst viel Fleisch zusammengewürfelt, die Herkunft dieser Fleischberge zu Discounterpreisen wird selten hinterfragt.

Auch im Fertigfutter scheint die Devise zu gelten - je mehr, desto besser. Da werden Kräutermischungen hinzugefügt, damit der Marketingslogan richtig gut klingt - ob die Kräuter hilfreich sind oder nicht, spielt dabei keine Rolle.

In meiner Welt gibt es nicht DIE perfekte Ernährungsform. Es gibt nicht DAS perfekte Futter. Es gibt nur Futter, das für DIESEN Hund passend ist. Und das ist für jeden Hund unterschiedlich.
Wichtig dabei sind einzelne Komponenten. Wenn ein Hund ein Problem mit der Kombination von Pferdefleisch und Kartoffeln hat, dann heißt das nicht, dass dieses Futter schlecht ist, sondern nur, dass dieser Hund das nicht gut verträgt.

Es gibt keine Pauschalen in der Ernährung. Jeder Inhaltsstoff hat seine Wirkung und die kann für jeden Hund unterschiedlich sein.

Damit du herausfinden kannst, welche Komponenten deinem Hund von Vorteil sind oder nicht, wäre es im ersten Schritt hilfreich, wenn du weißt, was im Futter drin ist.
Wenn du also die Inhaltsstoffe deines Futters nicht auf der Verpackung identifizieren kannst, wird das schon schwierig. Aber auch bei selbstgemachtem Futter werden häufig so viele Komponenten zusammengewürfelt, dass die Wirkung einer einzelnen gar nicht mehr auszumachen ist. Als einziger Anhaltspunkt wird oft die Konsistenz dessen genommen, was am Ende wieder rauskommt. Dabei wissen Futtermittelhersteller sehr genau, was sie dem Futter beimischen müssen, damit der Kot am Ende nicht zu weich wird. Ob es dem Hund psychisch mit dem Futter gut geht, kann man daran nicht ablesen.

Für meine Hündin Alma zum Beispiel ist es essentiell, dass sie einen relativ hohen Anteil an Kohlehydraten und nur getrennt von den ausgewählten Fleischanteilen bekommt. Sie braucht 3 Mal, manchmal 4 Mal am Tag Futter um ausgeglichen zu sein.
Die Auswirkungen von unpassendem Futter sind bei Alma nervenaufreibend für uns beide.
Ein Rüde meiner Kunden benötigt zwar auch Kohlehydrate, diese sollten für ihn aber mit dem Fleisch kommen und ist absolut happy mit 2 Mahlzeiten am Tag.
Häufiger erlebe ich im Training Hunde, die zu Beginn nur einmal täglich gefüttert werden. In dem Fall kann auch einfach Hunger, Bauchweh und ein niedriger Blutzuckerspiegel Ursache für die Gereiztheit sein. Auf zwei Mahlzeiten am Tag umzustellen, ist eine sehr einfache Möglichkeit, um etwas weniger Stress in den Tag zu bekommen.

In den aktuellen Ernährungstrends - egal, ob für Menschen oder Hunde - scheint es das Nonplusultra zu sein, auf Kohlehydrate zu verzichten. Dabei sind sie erwiesenermaßen ein Einflussfaktor auf die Stressresistenz und die Konzentrationsfähigkeit von Hunden. Sie sind essentiell für eine sinnvolle Reizverarbeitung im Gehirn. Hunde, die einen Teil Kohlehydrate im Futter haben, sind stressresistenter und können sich nachweislich besser konzentrieren. Es ist also sinnvoll, sich damit zu beschäftigen und auch eine Form von Kohlehydraten zu finden, die der Hund gut verträgt und die ihm gut tun. (Hirse, Haferflocken, Kartoffeln, Nudeln,… - die Auswahl ist groß).
Ich nutze diesen Effekt sehr gerne auch im Training, indem ich für die Belohnung tendenziell vegetarische Leckerli mit einer Form von Kohlehydraten verwende, um dem Gehirn auch während des Trainings wieder die passenden „Werkstoffe" zur Verfügung zu stellen.

Immer wieder gern diskutiert ist auch das Thema Ergänzungsfuttermittel oder Nahrungszusätze, die entspannend wirken. Auch hier gilt für mich: Es gibt KEINEN Zusatz, der für jedem Hund hilft. Dazu sind die Hunde und die Stressursachen viel zu unterschiedlich. Dem einen hilft hochwertiges CBD-Öl, der nächste kommt mit tryptophanhaltigen Zusätzen zu mehr Gelassenheit, und für den dritten Hund wären diese beiden Möglichkeiten völlig unpassend und lassen ihn regelrecht ausflippen. Nur weil etwas bei jemand anderem funktioniert, oder auch nicht funktioniert hat, sagt das gar nichts darüber aus, wie das bei deinem Hund wirkt. Es gibt viele hilfreiche Zusätze, die helfen können; welches davon für deinen Hund geeignet ist, gilt es (optimalerweise mit Unterstützung eines Profis) herauszufinden.

Ich möchte hier kein Ernährungsbuch schreiben, dazu gibt es schon genügend gute und auch hierfür findest du weiterführende Literatur auf den letzten Seiten des Buches.
Auf den letzten ca. 100 Seiten hast du nun einen Überblick darüber bekommen, wie viele Möglichkeiten du hast, um den Alltag mit deinem Hund entspannter zu gestalten. Ist es nicht beruhigend zu wissen, dass es so viele Optionen gibt? Im kommenden Abschnitt des Buches werde ich dir einen Fahrplan geben, wie du Schritt für Schritt die Elemente entdeckst, die für euren Alltag wichtig sind. Keine Sorge - es geht nicht darum, alles gleichzeitig auszuprobieren.

Es geht um Entspannung! Stress in der Umsetzung wäre wohl sehr fehl am Platz.
Entspannung lernen ist ein Marathon und kein Sprint.

Hintergrundwissen
ab Seite 5
Wege zur Entspannung
ab Seite 29
Euren Weg finden
ab Seite 105

Teil 3 - Schritt für Schritt zu mehr Entspannung, so kann die Veränderung gelingen

Lass dich von diesem Teil des Buches anleiten, damit du mit Freude und Leichtigkeit zu deinem Ziel kommen kannst - einem entspannteren Alltag mit deinem Hund.

Wird es immer nur vorwärts gehen und stetig besser werden? Nein, wird es nicht. Es wird auch Rückschritte geben. Es wird Tage geben, an denen du das Gefühl hast, alles ist für die Katz. Es wird tolle Entwicklungen geben und Momente, die dir graue Haare bescheren. Das ist normal. Das ist das Leben. Lass es geschehen.
Auch aktuell hast du gute und schlechte Tage. Und du wünschst dir eine Veränderung. Also sei mutig und fang an.

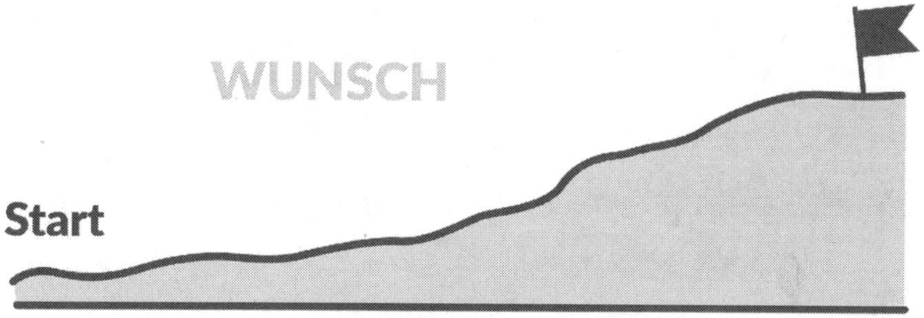

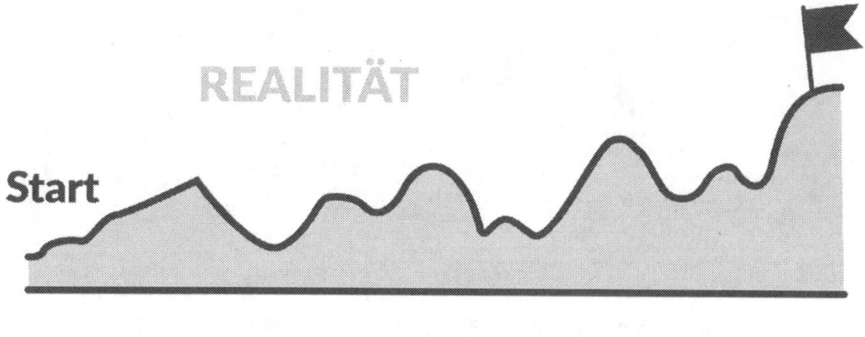

Es ist enorm hilfreich, wenn du immer wieder zurückschauen kannst, um eure Entwicklung objektiv zu beurteilen.
Wir neigen dazu, positive Dinge als selbstverständlich anzusehen und auf die Situationen, die noch nicht wie gewünscht ablaufen, sehr viel Gewicht zu geben.
Daher empfehle ich dir ein kleines Tagebuch zu führen. Halte darin eure Entwicklung und deine Gedanken fest, so dass du in ein paar Wochen gut vergleichen kannst und die Fortschritte siehst. Einige Impulse, was sinnvolle Tagebuchinhalte sein können, werde ich dir auf den kommenden Seiten mitgeben.

Als idealen Begleiter für diese Zeit auf eurem Weg zum entspannten Alltag habe ich das Entspannungstagebuch für dich und deinen Hund entwickelt. Hier findest du als Ringbuch und wunderhübsch aufgemacht alles, was ich dir in diesem Teil des Buches zur Dokumentation Begleitung vorschlage. Du brauchst das Tagebuch natürlich nicht, Zettel und Stift können dir genauso einen Überblick verschaffen. Wenn du Freude an schönen Planern hast, die dich durch den ganzen Prozess begleiten, dann findest du den Link zum Tagebuch auf der Website zum Buch.

Tagesablauf-Analyse

Bevor du mit irgendwelchen Veränderungen startest, empfehle ich dir, den aktuellen Zustand festzuhalten. Verändere in dieser Woche noch nichts in eurem Ablauf, mache alles so wie immer, damit du ein realistisches Bild bekommst.
Ganz häufig passiert es mir, dass ich einen Tipp lese und denke „Ach ja, das mache ich sowieso schon so" und wenn ich genau beobachte, dann läuft es in der Realität ganz anders.
So geht es auch vielen meiner Kunden. Wenn ich davon erzähle, dass Hunde ein sehr hohes Ruhebedürfnis haben und nachfrage, ob der Hund genug schläft, lautet die Antwort häufig: „Ja, 18 Stunden wohl nicht ganz, aber nicht viel weniger."
Egal, wie die Antwort lautet: Ich starte in kein Entspannungscoaching ohne eine Tagesablaufanalyse. In dieser kommt oft heraus, dass der Hund deutlich weniger als 15 Stunden schläft und meine Kunden sind völlig überrascht.

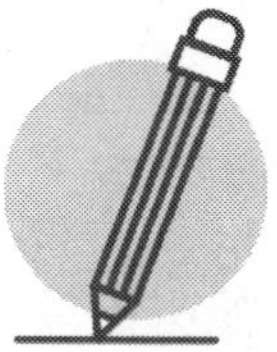

Was ist eine Tagesablaufanalyse? Im ersten Schritt schreibst du mindestens eine Woche lang jeden Tag genau auf, wie dein Hund den Tag verbringt. Das darf völlig wertungsfrei sein. Schreib es so genau auf, wie du möchtest. Keine Sorge - niemand außer dir sieht das Ergebnis am Ende, sei also uneingeschränkt offen zu dir selbst.

Der Zeitraum von mindestens einer Woche ist wichtig, damit ein guter Durchschnitt abgebildet wird. Es macht nichts, dass der Ablauf an verschiedenen Tagen unterschiedlich ist, über den Zeitraum bekommst du ein recht aussagekräftiges Ergebnis.
Beginne dann, wenn du sagen würdest: „Das spiegelt unseren Alltag wider.". Die Analyse im Urlaub zu machen, kann sehr spannend sein, ist aber nur bedingt hilfreich für die Veränderungen im Alltag.

Erstelle dir gern eine solche Tabelle und trage, so genau wie du kannst, den Ablauf ein. Es ist nicht nötig, minutengenau aufzuschreiben. Erfahrungsgemäß lässt sich ein sehr genaues Ergebnis erreichen, wenn 15 Minuten genau aufgeschrieben wird.

Fülle nun diese Tabelle mit den Aktivitäten deines Hundes. Unterscheide dabei nach verschiedenen Kategorien. Diese drei Kategorien kommen bei jedem Hund vor:

- Schlafen (tief schlafen, Augen geschlossen, auch bei Geräuschen oder Bewegung weiterschlafen),
- Ruhen (ruhig liegen, vielleicht beobachten, bei Geräuschen oder Bewegung wieder hellwach sein)
- Spaziergang (inkl. fertig machen und Fahrtzeiten)

Zusätzlich zu diesen Kategorien entwickelst du dir eigene, die für euren Alltag wichtig sind. Wenn das Fressen insgesamt mehr als 15 Minuten am Tag einnimmt, weil du zum Beispiel Futtersuche machst, dann bekommt das eine eigene Kategorie.
Wenn du außerhalb des Spaziergangs noch extra Zeiten für Training in eurem Alltag hast - egal, ob zu Hause oder zum Beispiel auf dem Hundeplatz - dann bekommt das Training eine eigene Kategorie. Wenn dein Hund zu Hause viel Zeit damit verbringt, dir hinterherzulaufen oder am Fenster aktiv Vögel zu beobachten, dann bekommt auch das eine eigene Kategorie.
Sollte dein Hund in der Zeit allein sein und du weißt nicht genau, was er tut, lohnt es sich auf jeden Fall mal eine Kamera aufzustellen und sein Verhalten hier zu beobachten. Dafür brauchst du keine spezielle Kamera, sondern kannst auch über Apps und zwei Endgeräte, die Funktion umsetzen. Tipps und Empfehlungen dazu findest du am Ende des Buches. Sollte dein Hund nur unregelmäßig für kurze Zeit allein sein, kannst du die Zeit einer eigenen Kategorie zuordnen. Bei mehreren Stunden regelmäßig ist wichtig, dass du einschätzen kannst, ob dein Hund schläft oder aktiv ist, damit die Analyse die Realität abbildet.

Am Ende jeden Tages schreibst du dir auf, wie du auf einer Skala von eins bis zehn das Entspannungslevel deines Hundes und dein eigenes einschätzen würdest. Schreibe dir drei Dinge auf, die richtig toll geklappt haben, und die drei, die besser laufen könnten.

Am Ende deiner Analyse rechnest du für jede Kategorie einzeln zusammen, wieviel Zeit du dafür in dem gesamten Zeitraum aufgeschrieben hast. Dieses Ergebnis teilst du dann durch die Anzahl der aufgeschriebenen Tage, um einen Durchschnittswert zu erhalten.
Wenn du die Durchschnittswerte jeder Kategorie zusammenrechnest, solltest du dann wieder auf 24 Stunden für einen Tag kommen. Damit hast du den durchschnittlichen Tagesablauf deines Hundes, aus dem du jetzt Optimierungen für euch ableiten kannst. Wie du hierbei vorgehen kannst, erkläre ich dir genau in den nächsten Kapiteln.

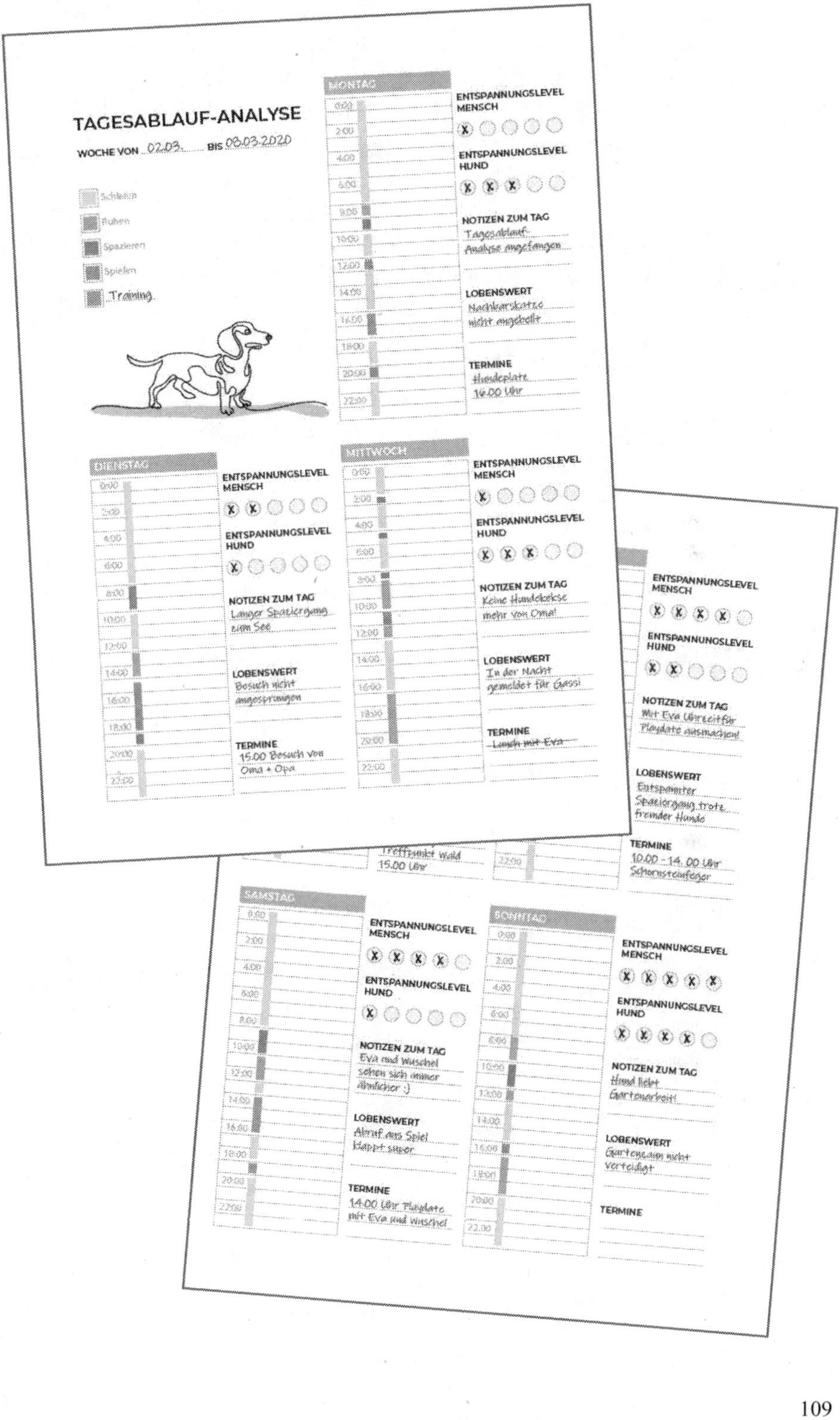
TAGESABLAUF-ANALYSE
WOCHE VON 02.03. BIS 08.03.2020
Training
MONTAG
ENTSPANNUNGSLEVEL MENSCH
ENTSPANNUNGSLEVEL HUND
NOTIZEN ZUM TAG
Tagesablauf-Analyse angefangen
LOBENSWERT
Nachbarskatze nicht angebellt
TERMINE
Hundeplatz 16.00 Uhr
DIENSTAG
ENTSPANNUNGSLEVEL MENSCH
ENTSPANNUNGSLEVEL HUND
NOTIZEN ZUM TAG
Langer Spaziergang zum See
LOBENSWERT
Besuch nicht angesprungen
TERMINE
15.00 Besuch von Oma + Opa
MITTWOCH
ENTSPANNUNGSLEVEL MENSCH
ENTSPANNUNGSLEVEL HUND
NOTIZEN ZUM TAG
Keine Hundekekse mehr von Oma!
LOBENSWERT
In der Nacht gemeldet für Gassi
TERMINE
Lunch mit Eva
ENTSPANNUNGSLEVEL MENSCH
ENTSPANNUNGSLEVEL HUND
NOTIZEN ZUM TAG
Mit Eva Uhrzeit für Playdate ausmachen!
LOBENSWERT
Entspannter Spaziergang trotz fremder Hunde
TERMINE
10.00 - 14.00 Uhr Schornsteinfeger
Treffpunkt Wald 15.00 Uhr
SAMSTAG
ENTSPANNUNGSLEVEL MENSCH
ENTSPANNUNGSLEVEL HUND
NOTIZEN ZUM TAG
Eva und Wuschel sehen sich immer ähnlicher :)
LOBENSWERT
Abruf aus Spiel klappt super
TERMINE
14.00 Uhr Playdate mit Eva und Wuschel
SONNTAG
ENTSPANNUNGSLEVEL MENSCH
ENTSPANNUNGSLEVEL HUND
NOTIZEN ZUM TAG
Hund liebt Gartenarbeit!
LOBENSWERT
Gartenzaun nicht verteidigt
TERMINE

Schau dir auch deine Aufzeichnungen zum Entspannungslevel an. Kannst du Zusammenhänge entdecken, wann dein Hund besonders angespannt ist, weil der Tagesablauf an diesem Tag und den unmittelbaren Tagen vorher besonders wenig Schlaf erlaubte? Oder gibt es Zusammenhänge zwischen deinem Entspannungslevel und dem deines Hundes?

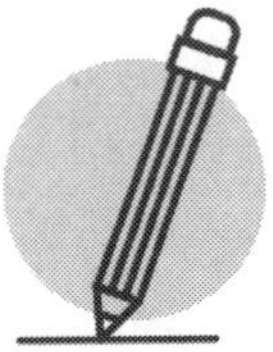

Zu guter Letzt widmest du dich den jeweils drei positiven und negativen Verhaltensweisen und fasst alle zusammen.
Schreibe dir eine Liste mit den Verhaltensweisen, die du gerne verbessern würdest, bei denen du dir wünschst, dein Hund würde ruhiger reagieren.
Schreibe dir neben jeden Punkt wie gut ihr euer Ziel schon erreicht, oder wie viel Potential ihr noch habt.

Mach dir dabei auch bewusst, wieviele Dinge schon richtig gut klappen!
Mit dieser Analyse hast du eine wunderbare Ausgangsbasis für die Phasen der Veränderung. Behalte deine Aufzeichnungen als wertvolles Tagebuch, denn wenn du einige Wochen später feststellen möchtest, was sich schon getan hat, dann hast du damit einen guten Vergleichswert und kannst Fortschritte auf dem Papier gut sehen.

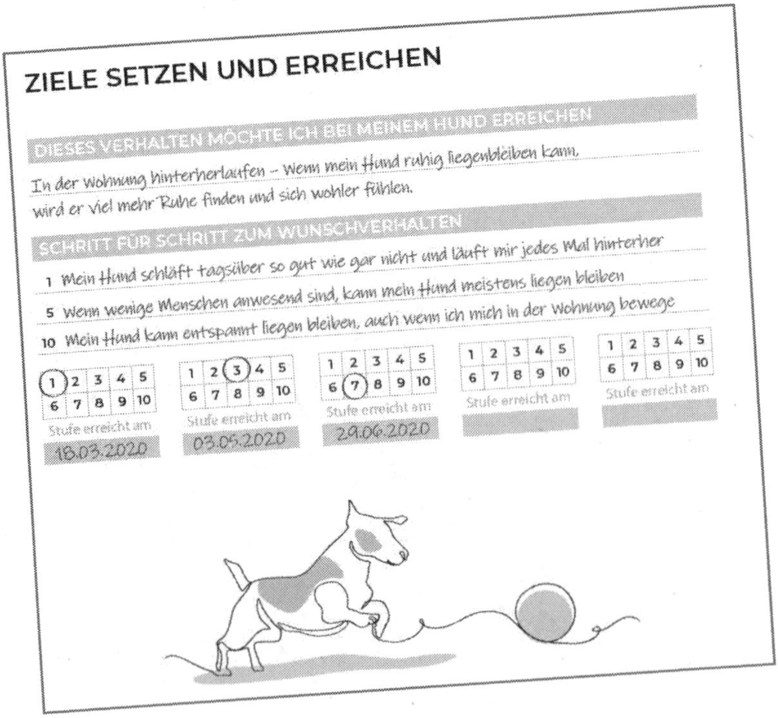

ZIELE SETZEN UND ERREICHEN

DIESES VERHALTEN MÖCHTE ICH BEI MEINEM HUND ERREICHEN

In der Wohnung hinterherlaufen – Wenn mein Hund ruhig liegenbleiben kann, wird er viel mehr Ruhe finden und sich wohler fühlen.

SCHRITT FÜR SCHRITT ZUM WUNSCHVERHALTEN

1 Mein Hund schläft tagsüber so gut wie gar nicht und läuft mir jedes Mal hinterher
5 Wenn wenige Menschen anwesend sind, kann mein Hund meistens liegen bleiben
10 Mein Hund kann entspannt liegen bleiben, auch wenn ich mich in der Wohnung bewege

1 2 3 4 5 / 6 7 8 9 10	1 2 3 4 5 / 6 7 8 9 10	1 2 3 4 5 / 6 7 8 9 10	1 2 3 4 5 / 6 7 8 9 10	1 2 3 4 5 / 6 7 8 9 10
Stufe erreicht am	Stufe erreicht am	Stufe erreicht am	Stufe erreicht am	Stufe erreicht am
18.03.2020	03.05.2020	29.06.2020		

Phase 1 - Stress-Detox pur

Nach der Analyse geht es los - du veränderst euren Alltag. Die erkenntnisreiche Zeit beginnt. Du darfst mit offenen Gedanken an dieses kleine Abenteuer herangehen, denn eines kann ich dir versprechen: Es wird anders, als du es dir jetzt vorstellst.

Die erste Phase heißt „Stress-Detox pur" und meint damit das sprichwörtliche Entgiften vom Stress.
Über ungefähr sechs bis acht Wochen ist das Ziel, die Aktivitäten so weit es geht herunterzufahren und möglichst viel Ruhe in den Alltag einziehen zu lassen. Um später zu einem ausgeglichenen Ablauf zurückzufinden, ist es viel leichter, wenn vor dem „neuen Alltag" ein Neustart steht.
Alter Stress soll erst einmal raus. Du lernst deinen Hund kennen, wie er wirklich ist, wenn er nichts tut. All die Horrorvorstellungen vom „unterforderten Hund" bekommen jetzt für dich eine Realität. Und ich verspreche dir, du wirst überrascht sein, wie wenig ein entspannter Hund mit deinen Horrorszenarien zu tun hat.

Warum ein solcher Neustart sinnvoll und notwendig ist, kannst du besser nachvollziehen, wenn du die folgende Geschichte liest.

Es ist Oktober und Leona hat ohne größere Pausen das gesamte Jahr durchgearbeitet. Viele Projekte wollten gestemmt werden und sie ist auch stolz darauf, das alles geschafft zu haben. Die eine Woche Urlaub im Mai ist für den Besuch bei ihren Eltern eingeplant gewesen. Es war schön in der Heimat zu sein, aber irgendwie war dennoch nicht genug Zeit, um richtig runterzukommen. Eine Woche ist dafür zu kurz. Mit den Gedanken war sie immer wieder bei ihrer Arbeit und sorgte sich darum, ob ihre Kollegen auch an alles Wichtige bei der Vorbereitung der wichtigen Präsentation denken würden.
Auch im Sommer hatte sie einmal 2 Wochen frei. Sie wollte zum Wandern in die Berge fahren. Angekommen ist sie auch noch, aber dann hat ihr Körper die Chance für die Pause genutzt und sie wurde krank. Aus der gewünschten Erholung beim Wandern wurde eher ein kleiner „gesund werden" Urlaub. Und auch in diesem Urlaub konnte sie sich gedanklich nicht recht von der Arbeit lösen. Mehrfach hat sie sogar mit ihrem Chef telefoniert, weil Fragen aufgekommen sind und sie die schneller beantworten konnte.
Nach beiden Urlauben hatte sie das Gefühl, genauso gestresst zu sein wie vorher. Innere Ruhe war nicht eingekehrt.

Je länger das Jahr so voranging, desto dünner wurden ihre Nerven und sie reagierte häufiger gereizt auf Projektplanänderungen oder unglücklich formulierte E-Mails ihrer Kollegen. Immer wieder hat sie versucht, sich neue Verhaltensweisen anzugewöhnen, die ihr Stresslevel senken sollten. In vielen Ratgebern hatte sie gelesen, dass es helfen kann, die Struktur des Tages zu verändern, sodass weniger gleichzeitig anfällt und sie sich mehr Zeit schaffen kann, um konzentriert am Stück zu arbeiten. In der Theorie war ihr all das völlig klar. Sie war motiviert, dieses Wissen auch in der Praxis für sich zu nutzen. Aber sie war so in ihrem Trott, dass ihr die Umsetzung nicht langfristig gelang.

Jetzt endlich im Oktober hat Leona vier Wochen Urlaub am Stück. Sie schließt alle wichtigen Aufgaben vor dem Urlaub ab oder übergibt sie an ihre Kollegen. Eigentlich könnte sie jetzt mit ihrem Laptop auch ihre Gedanken an die Arbeit herunterfahren. Und doch grübelt sie, während sie Koffer packt, noch darüber nach, ob sie auch nichts vergessen hat. Die ersten Tage im Urlaub ist ihre Anspannung noch deutlich spürbar. Sie ist früh morgens wach, obwohl sie jetzt endlich mal genügend schlafen könnte. Sie wird häufig ungeduldig und merkt, wie sehr es sie stört, wenn der Kellner etwas länger braucht, um die Getränke zu bringen, obwohl sie doch unendlich viel Zeit hat. Einfach nur abhängen, hält sie in den ersten Tagen gar nicht aus. Auf einer Liege faulenzen und ein Buch lesen, das kann sie nur maximal eine halbe Stunde, dann verlangt ihr Körper nach Aktivität. Die erste Woche verbringt sie daher noch mit sehr aktiven Beschäftigungen. Sie nimmt an einer Sightseeing-Tour teil und nutzt das vielfältige Sportprogramm des Hotels. Ihre Gedanken kreisen täglich mehrmals um die Arbeit. Immer wieder erwischt sie sich dabei, dass sie den Moment nicht richtig genießen kann, weil sie von ihren Gedanken an die Projekte abgelenkt ist.

In der zweiten Urlaubswoche wird das schon etwas leichter, gegen Ende der Woche denkt sie schon fast gar nicht mehr an die Arbeit und kann auch Ruhe aushalten. Wenn sie auf das Essen wartet, fällt ihr gar nicht auf, wie lange es dauert. Sie genießt solange den Ausblick oder beobachtet die vorbeilaufenden Menschen. Völlig entspannt ist sie noch nicht. Einen ganzen Tag einfach nichts tun, würde sie noch nicht aushalten können, dazu kribbelt es ihr noch zu sehr in den Fingern. Und außerdem gibt es im Umkreis ja noch einige Sehenswürdigkeiten, die sie noch nicht besucht hat.

In der dritten Woche dann kann sie zum ersten Mal in diesem Urlaub richtig tief durchatmen, ohne sich dazu zu zwingen. Sie schläft länger und hat dabei gar kein schlechtes Gewissen. Auf der Liege liegen und in den Himmel starren - damit hat sie sich heute den gesamten Tag beschäftigt. Es gibt noch diese eine Kirche, die sie gern von innen sehen möchte. Sie

fährt dorthin und verbringt den kompletten Nachmittag rund um diese kleine Kirche. Eine ganze Stunde sitzt sie davor und lauscht den Geräuschen rings umher, bevor sie einige Zeit in der Kirche verbringt und von der Atmosphäre dort völlig in ihren Bann gezogen wird. Sie hat keine Ahnung, wie spät es ist und wie lange sie dort schon sitzt. Es ist ihr egal, denn diese Zeit ist so kostbar.
In der vierten Woche hat Leona keinen Antrieb mehr, noch großen Input von außen zu bekommen. Sie spürt ganz bewusst, dass jetzt die Zeit ist, um die Eindrücke der Reise zu verarbeiten. Und so vergehen die Tage im natürlichen Rhythmus von Essen, Schlafen und genau das tun, was für den Moment richtig ist. Sie beginnt ihr Leben zu reflektieren und stellt fest, dass sie schon seit einer Woche überhaupt nicht mehr an die Arbeit gedacht hat. Und auch jetzt löst der Gedanke an das laufende Projekt keinen Stress bei ihr aus, sondern die Gewissheit, dass ihre Kollegen alles im Griff haben. Sie nimmt sich vor, diese Gelassenheit mit in ihren Arbeitsalltag zu nehmen und nutzt die letzten beiden Urlaubstage, um sich dafür einen Plan zu machen. Sie entwickelt eine neue Tagesstruktur, von der sie sich sicher ist, dass sie ihr helfen wird, entspannter und effektiver zu arbeiten und sie gleichzeitig mit den Abläufen in der Firma zusammenpasst.
Und dann sind vier Wochen Urlaub schon vorbei. Leona fühlt sich erholt und ist so in ihrer Mitte, dass sie nicht daran glaubt, dass irgendetwas sie dort wieder wegbringen könnte.
Am ersten Morgen im Büro ist sie hochmotiviert, ihre neue Struktur direkt in die Tat umzusetzen. Sie startet ihren Laptop, um direkt in ihrem Kalender die Zeiten einzustellen, die sie an ihren neuen Ablauf erinnern sollen. Sie wird nach ihrem Passwort gefragt und… hat es vergessen. Sie freut sich, denn wenn sie noch ein Zeichen gebraucht hätte, dass der Urlaub richtig gute Erholung gebracht hat, dann wäre es das gewesen.
Aus der Ruhe heraus kann sie ihre neue Struktur super umsetzen. Es gelingt ihr dieses Mal, die Theorie in die Praxis zu verwandeln und es gelingt ihr sehr gut, auch während schwieriger Arbeitsphasen gelassen zu bleiben.
Natürlich gibt es immer wieder Tage, die deutlich stressiger sind, als es ihr langfristig guttun würde, aber insgesamt fühlt sie sich nun deutlich wohler.

So wie Leona in der Geschichte hast du das sicher auch schon einmal erlebt. Die folgenden Dinge kannst du genauso auch auf deinen Hund übertragen.

1. Es braucht Zeit, bis der Stress weniger wird und Ruhe einkehren kann. (Schon allein körperlich braucht es mindestens eine Woche, bis wieder ein ruhiger Hormonzustand hergestellt ist.)

2. Ruhe will gelernt sein. Es braucht Übung und Geduld, bis der Körper seinen Adrenalinkick nicht mehr einfordert und auch der Kopf, die Ruhe ohne die gewohnte Ablenkung ertragen lernt.

3. Erlerntes Verhalten zu verändern (Tagesabläufe, Reaktionen auf Stress), während der Alltag normal weiterläuft ist schwierig. Viel leichter fällt es mit einem Neustart aus der Entspannung heraus.

Damit du diese drei Dinge optimal mit und für den Hund schaffen kannst, um ihn bestmöglich auf dem Weg in die Entspannung zu unterstützen, ist die Stress-Detox Phase da.
Für einen Zeitraum von ungefähr (!) 6-8 Wochen wird alles, was an Stress im Alltag enthalten ist, auf ein Minimum heruntergefahren. Bevor die komplette Detox Phase startet, findet in den ersten zwei Wochen - wie in Leonas Urlaub - eine langsame Angleichung an den Ruhemodus statt. So verhinderst du, dich und deinen Hund durch einen abrupten Wechsel zu überfordern und allein dadurch das Stresslevel zu steigern.

Nutze die kommenden zwei Wochen, um basierend auf eurer Tagesablaufanalyse die stressigsten Tage oder Tagesteile zu entstressen.
Konkret bedeutet das: Fahre schrittweise über die zwei Wochen euer Spaziergangpensum soweit herunter, dass ihr insgesamt am Tag maximal 1,5 Stunden draußen seid. Lasse gleichzeitig die Zeit draußen ruhiger ablaufen als sonst. Nutze dazu die verschiedenen Möglichkeiten aus dem Kapitel über ruhige Spaziergänge und finde heraus, welche für dich und deinen Hund am wertvollsten sind.
Sollte es beim Spaziergang große Aufreger geben, die deinen Hund aktuell in großen Stress fallen lassen, dann ist für die Zeit der Detox Phase hilfreich, wenn du versuchst, diese zu vermeiden. Hat dein Hund zum Beispiel ein großes Problem mit Hundebegegnungen, dann wäre es hilfreich, du suchst dir zunächst Uhrzeiten oder Strecken, wo die Wahrscheinlichkeit auf andere Hunde zu treffen, gering ist.

Beginne mit dem Aufbau der Ruhezone und des Entspannungssignals und erschaffe dir und deinem Hund Ruherituale, die euch für 5 Minuten am Tag (oder mehr) innehalten und durchatmen lassen. Nach zwei Wochen sollte dein Hund über den Tag verteilt schon etwas mehr Ruhephasen haben.
Wenn ihr aktuell jeden Tag oder mehrmals die Woche intensiv (15 Minuten und mehr) trainiert, dann fahre auch hier den Input herunter. Wenn erst einmal mehr Ruhe in euren Alltag eingezogen ist, wird das Training viel leichter sein und einige der Probleme, die du aktuell trainierst, werden sich bereits durch die Gelassenheit verbessert haben.

Finde weitere für euch praktikable Möglichkeiten, wie dein Hund über den Tag hinweg mehr Ruhe und Schlafzeiten bekommt. Euer Ziel könnte sein, einen Tagesablauf zu erreichen, an dem der Hund mindestens 18 Stunden am Tag mit Ruhen und Schlafen verbringt (Aufteilung ungefähr: 15 Stunden Schlafen, 3 Stunden Ruhen).
Finde dazu die Momente in eurem jetzigen Tagesablauf, wo dein Hund von sich aus entspannt ist. Vielleicht kann er wunderbar allein bleiben und schläft sich dann richtig aus? Dann suche dir Zeitfenster, die du ihm für diesen Erholungsschlaf gönnen kannst. Vielleicht ist es möglich, dass du ihn vormittags nicht mit ins Büro nimmst, oder in die Hundetagesstätte bringst, sondern er sich dann gut ausschlafen kann. Wenn du abends bei Freunden zum Essen eingeladen bist, gönne ihm die Ruhe zu Hause, statt ihn mitzunehmen.
All das natürlich unter der Voraussetzung, dass er entspannt allein sein kann und dabei keinen Stress hat.
Auch andere Situationen, die bisher schon Ruhe enthalten, kannst du nutzen. Dein Hund fährt gerne Auto, kommt dabei schnell zur Ruhe und kann auch ruhig im Auto warten. Super! Es lässt sich doch sicher einrichten, ihn zum Einkaufen mitzunehmen und einen kleinen Kaffeebesuch für dich mit einzuschieben, damit der Hund im Auto gut schlafen kann.
Der Kreativität sind keine Grenzen gesetzt - alles, was für mehr Ruhezeiten sorgt, kannst du ausprobieren.

Jetzt wäre auch die passende Zeit, beim Tierarzt einen Check-up zu vereinbaren, um körperliche Ursachen so weit wie möglich auszuschließen. Schmerzen, Entzündungen, Störungen im Hormonhaushalt sind hier das große Suchfeld. Auch in der Ernährung können jetzt erste Anpassungen vorgenommen werden. Allerdings würde ich in dieser Phase nicht empfehlen, die Futtermittel zu wechseln. Denn ein Wechsel kann auch immer zusätzlichen Stress reinbringen. Hier würde ich erst über die Veränderungen im Tagesablauf etwas mehr Ruhe hereinbringen und auf dieser Basis dann eventuelle Futterveränderungen testen. Was in dieser Phase aber hilfreich ist, wäre die Anzahl der Mahlzeiten anzupassen. Sollte der Hund aktuell nur einmal am Tag gefüttert werden, lohnt es sich, das auf mindestens zweimal zu erhöhen. Weniger Hunger und Bauchweh kann jede Menge Reizbarkeit verschwinden lassen.

Am Ende der zwei Eingewöhnungswochen hast du sicher schon einige Veränderungen vorgenommen und ihr gewöhnt euch langsam an die Ruhe. Es ist nicht schlimm, wenn ihr für dieses langsame Herunterfahren mehr Zeit benötigt. Je nachdem, wie der Alltag bei euch funktioniert, kann es herausfordernd sein, passende Lösungen zu finden. Auch wenn es nicht ganz perfekt wird, hab keine Sorge: Jede Stunde mehr Schlaf und weniger Stress ist gut!

Wenn du einen Ablauf erreicht hast, von dem du glaubst, dass er euer persönliches Minimum an Aktivität und Aufregung darstellt, dann behältst du dieses Pensum für ungefähr 6 Wochen bei. Dabei vertiefst du weiter die Ruhezone und euer Entspannungssignal, findest nach und nach heraus, wie Spaziergänge entspannt sein können und wirst ganz sicher immer mehr Möglichkeiten entdecken, bestimmte Abläufe zu entstressen.

Damit gibst du euch beiden die Chance, den Stress wirklich loszulassen. Die Entspannung bekommt sowohl auf körperlicher als auf psychischer Ebene den Raum, den sie braucht, um sich wirklich zu entfalten. Du setzt quasi eine „Nulllinie". Wenn du glaubst, du hast die Nulllinie gefunden, ist es sehr hilfreich wieder eine Tagesablaufanalyse zu machen. Vergleiche, wieviel dein Hund jetzt im Vergleich zu vorher schläft. Und schau dir an, was sich bei der Verhaltensliste getan hat. Es ist sehr wahrscheinlich, dass ihr schon durch mehr Entspannung eurem Zielverhalten näher gekommen seid.
Auf dieser Basis kannst du dann in der folgenden Phase eure ganz individuelle Alltagsversion erbauen.

Bevor wir uns mit der nächsten Phase beschäftigen, werfen wir jetzt noch einen Blick auf die häufigsten Fragen und Stolpersteine in der Stress-Detox Phase.

Ich habe ein schlechtes Gewissen.

Von außen wird uns immer wieder erzählt, wie viel Beschäftigung alle Hunde, insbesondere bestimmte Rassen, angeblich brauchen. Von allen Seiten hören wir ständig, dass ein müder Hund toll ist und je mehr Auslastung, desto besser ist es für den Hund.
Auch wenn du in diesem Buch erfahren hast, warum das schlichtweg nicht stimmt und so pauschal über keinen Hund gesagt werden kann, sitzen die seit Jahren gehörten Sätze im Unterbewusstsein fest. Du möchtest das Beste für deinen Hund, das steht völlig außer Frage. Und du möchtest ihn weder unter- noch überfordern. Die Sorge, „zu wenig" mit dem Hund zu machen, kann ich daher absolut verstehen. Es ist völlig normal, dass unser Hirn uns davor warnt, neue Dinge auszuprobieren. Es sagt ständig „Bleib lieber bei dem, was du schon kennst, da weißt du, was du hast." bei allem Neuen in unserem Leben, nicht nur, wenn es um den Hund geht.
Es ist ok, dass du nicht jetzt schon völlig überzeugt bist. Das musst du nicht sein, es geht um euren Weg.
Und gleichzeitig - wie kannst du wissen, dass dein Hund nicht überfordert ist, wenn du noch nie wirklich viel weniger mit ihm gemacht hast? Wie kannst du

wissen, dass es ihm mit weniger Programm nicht besser geht?
Was wäre das Schlimmste, das passieren kann? Dass dein Hund sich langweilt? Von Langeweile ist noch keiner gestorben - von zu viel Stress ganz sicher schon. Es wäre kein Weltuntergang, wenn der Hund sich mal für ein paar Wochen langweilt, wenn die Chance besteht, dass es ihm hilft, ein entspannteres Leben zu führen.
Ich bin überzeugt, dass euch dieses Experiment helfen wird. Und selbst, wenn es euch nicht gefällt, du kannst jederzeit wieder umentscheiden. Keiner zwingt dich! Auch wenn ich klar empfehle, diese 6 Wochen durchzuhalten und dir und dem Hund die Möglichkeit einzuräumen, den neuen Rhythmus zu genießen.

Auch beim Thema „Allein sein" meldet sich hin und wieder das schlechte Gewissen. Den Hund alleine zu lassen, in Gesellschaftskreisen, in denen es als besonders toll angesehen wird den Hund immer überall mit hin zu nehmen, kann durchaus Unsicherheit oder Beklemmungen auslösen.
Mehrere Studien beweisen, dass Hunde, die gelernt haben entspannt alleine zu sein und die regelmäßig ungefähr vier Stunden am Tag allein sind, entspannter und länger leben, als Hunde die deutlich mehr oder deutlich weniger allein Zeit haben.
Aus meiner Sicht ist das vollkommen logisch. Diese vier Stunden bringen dem Hund die Möglichkeit, sein Schlafbedürfnis zu erfüllen und lassen ihm dennoch genug Zeit, um den sozialen Bedürfnissen gemeinsam in der Familie Raum zu geben.
Bei meiner Hündin Alma merke ich es sehr deutlich, wenn es Phasen gibt, an denen ich die meiste Zeit von zu Hause arbeite. Manchmal schickt sie mich förmlich weg, damit sie für ein paar Stunden komplett ihre Ruhe hat - so wie jetzt, wo ich im Café sitze, eine heiße Schokolade trinke und an diesem Text schreibe. Gerade wenn der Hund noch nicht gelernt hat, auch dann zu entspannen, wenn Menschen in der Wohnung aktiv sind, ist es eine gute Möglichkeit, ihm die wichtige Ruhe durch Alleinzeiten zu geben. Wenn du dir unsicher bist, wie es deinem Hund damit geht, stell dir zur Sicherheit eine Kamera auf und schau immer mal wieder, wie es deinem Hund geht. Nutzt er die Zeit zur Erholung und begrüßt dich freudig, aber nicht gestresst, wenn du wiederkommst? Wenn das so ist, was soll daran schlimm sein?

Um es kurz zu machen: Habe keine Angst vor der Veränderung. Frag dich: Was ist das Schlimmste was passieren kann?
Und wenn dir das Ergebnis nicht gefällt, dann machst du es wieder anders.

Wir haben noch „Baustellen" - ich muss doch trainieren!

Die Leinenführigkeit klappt noch nicht so richtig, Impulskontrolle ist ein Fremdwort, der Rückruf - ach, reden wir lieber nicht davon. Aufmerksamkeit für dich, wenn andere Hunde in Sicht kommen - keine Chance. Warten, ohne zappelig zu werden, klappt höchstens an Weihnachten? Und im Vergleich zu den anderen Hunden in der Hundeschule oder auf der Straße hast du immer das Gefühl, dein Hund wäre der, der Nachhilfe braucht. Die anderen Hunde scheinen alle irgendwie alles besser zu können. Also muss doch mehr Training her, oder nicht?

Was wäre, wenn der Stress deines Hundes es nicht zulässt, dass er etwas lernen kann? Was wäre, wenn die Ursache der Stress ist und mehr Training nur noch mehr Stress fördert? Würdest du weiter trainieren, in dem Wissen, dass es vermutlich nichts bringt, oder sogar noch schlimmer wird?
Und wenn dir bewusst wäre, dass du in jedem Training auch die Emotion des Hundes, in der er während des Trainings ist, mit trainierst - würdest du wollen, dass er die aktuelle Aufregung jedes Mal gleich mit der Leinenführigkeit übt? Ich vermute, du beantwortest diese Fragen mit „Nein".

Erfahrungsgemäß bleiben von den ursprünglichen Herausforderungen mit dem Hund nur noch 70% übrig, wenn er entspannt ist. Wer entspannt ist, dem fällt es leichter, einen aufdringlichen Jungspund zu ignorieren, oder sich ein bisschen zurückzunehmen, wenn ihm etwas nicht gefällt. Also ist es absolut sinnvoll, das Training für den Moment zu pausieren (oder auf ein Minimum zu reduzieren).

Keine Sorge - das soll nicht immer so bleiben. Natürlich geht es darum, dass er langfristig die Dinge lernt, die für euren Alltag wichtig sind und sich besser konzentrieren kann. Aber solange der Hund noch so ein hohes Stresslevel hat, bringt das Training sowieso nicht besonders viel, weil im Gehirn keine Kapazität dafür frei ist. Die restlichen 30% des Verhaltens dann zu trainieren, wenn der Hund entspannt und aufnahmefähig ist, ist viel, viel leichter.

Damit du einen Eindruck davon bekommst, mit wie wenig Training man sehr viel erreichen kann, findest du auf der Website zum Buch ein Video mit einem Interview mit Natalie Knaack-Enkelmann. Natalie ist Hundetrainerin und führt ihre Hunde (Border Collie und Malinois) auf höchstem sportlichem Niveau in IPO und Obedience. Und sie trainiert dafür deutlich weniger als du denkst, ca. 3x10 Minuten in der Woche!
In meinem Alltag mit Alma gibt es gar keine extra Trainingszeit. Alle Dinge, die für uns wichtig sind, üben wir direkt dann, wenn wir sie brauchen. Auf

dem Spaziergang kommt uns ein Jogger entgegen und ich lasse sie für ein paar Meter neben mir laufen. Ein anderer Hund kommt und sie läuft kurz an der Leine bei mir.
Wenn ich etwas Neues üben möchte, dann nehme ich mir mehr Zeit, um es ihr genau zu erklären und integriere die Übung dann in solche Alltagssituationen, die dem Schwierigkeitsgrad entsprechen, den sie schon kann.

Also kurz: Training an Verhaltensweisen, die aktuell noch Probleme bereiten, ja! Aber erst dann, wenn es auch sinnvoll ist.

Damit das für dich noch deutlicher wird, habe ich hier noch eine interessante Trainingsgeschichte.

Meine Kundin beschrieb ihren Hund (45kg Kaliber) beim ersten Termin als höchst aggressiv gegenüber jungen Hunden.
„Der rastet immer völlig aus dem Nichts aus."
Sie waren bereits in diversen Hundeschulen und haben „alles" ausprobiert, aber nichts hilft.
In der Tat kam mir der Hund schon beim ersten Treffen vor, als hätte er eine wirklich kurze Zündschnur.
Er lief durch den Wald, als bräuchte nur ein Blatt runterfallen - dann explodiert er.
Im Training vorher hatte man versucht, ihn schrittweise immer mehr mit seinem Hauptaggressor „junge Hunde" zu konfrontieren, was keinen Erfolg brachte, sondern seine Reaktionszeit noch verkürzte.

Ich hatte direkt eine Vermutung, sprach aber erst ausführlich mit meiner Kundin, um alle Eventualitäten abzuklären.
Es stellte sich heraus, dass der Hund am Tag keine einzige Minute Ruhe hatte, weil er immer mit dabei war und „beschäftigt" wurde. Dazu sollte er noch in einer Spielgruppe täglich Sozialverhalten lernen. In dieser Spielgruppe waren jeweils 5-10 Hunde (die meisten zwischen 1 und 3 Jahren), die alle nicht besonders verträglich waren.
(Auf die Sinnhaftigkeit in einer solchen Gesellschaft gutes Sozialverhalten lernen zu wollen, gehe ich an dieser Stelle nicht ein.)

Meine Idee war: Der Hund ist einfach so übermüdet, dass er schlichtweg nicht denken kann. Dass er in diesem Zustand eine kurze Leitung hat und einen pöbelnden oder nervigen Junghund nicht ertragen kann, ist aus meiner Sicht völlig normal.

Unser Training sah wie folgt aus:
Ich habe die Kundin über einige Wochen dabei unterstützt, den Alltag für den Hund so zu gestalten, dass er genug Ruhe bekommt. Spielgruppen und andere Versuche, ihm gutes Verhalten beizubringen, wurden gestrichen. Nach vier Wochen war der Hund so entspannt, dass es schon fast kein Aggressionsproblem mehr gab.

Da er allerdings sehr unsicher mit anderen Hunden ist, haben wir anschließend noch an der Körpersprache und den „Führungsqualitäten" der Kundin gearbeitet, damit sie ihn in für ihn gruseligen Situationen sicher begleiten kann.
Mit einigen Trainingseinheiten, die dem Hund zusätzlich vermittelnden, wie wir Menschen uns sein Verhalten vorstellen, brachten wir ihm zusätzlich bei, in Situation, die ihm gruselig erscheinen, die Hilfe seines Menschen in Anspruch zu nehmen.

Und „schwupp", wurde aus dem höchst aggressiven, untherapierbaren Pöbler ein völlig gelassener Hund.

Symptome trainieren hilft nicht, solange die Ursache nicht behoben ist. Wer unter Schlafmangel leidet, braucht kein Anti-Aggressions-Training, sondern Schlaf.

Ich kann das nicht umsetzen, weil...

….unser Alltag das nicht hergibt.

…zwischendurch Ferien sind und die Kinder zu Hause sind.

…ich keine Zeit habe zum Üben.

…ich jetzt schon weiß, dass mein Hund die Ausnahme ist und es nicht funktioniert.

… (setze deine Begründung ein.)

Wann immer ich mit Kunden dieses Vorgehen bespreche, treffen wir auf Ängste und Blockaden. Es ist in unserer Gesellschaft recht verbreitet, nach einem Vorschlag sofort Gründe zu finden, warum das nicht geht. Auch hier beschützt uns unser Hirn vor dem potentiell gefährlichen Unbekannten. Das ist normal.

Egal, welche Ausreden dir dein Kopf liefert, warum das bei euch nicht umsetzbar ist, erkenne das als einen Trick deines Gehirns.
Dann entscheide dich ganz bewusst dafür, die Energie, die dein Kopf gerade in das Finden von Ausreden steckt, in das Finden von Lösungen zu investieren.
Du und dein Hund ihr seid einmalig! Es ist sehr wahrscheinlich, dass alle Beispiele, die ich im Buch gebracht habe, NICHT 100% auf euch zutreffen. Sie können nur Anregungen sein. Wie es für euch in eurem konkreten Leben funktionieren kann, das kannst nur du allein herausfinden.
Also los geht's - investiere deine Energie in Lösungen statt Ausreden.

Mein Hund fordert das ein!

Dein Hund springt wie wild um dich rum, wenn du während des Spaziergangs nicht wie sonst auch das Spielzeug rausholst? Er steht in der Wohnung rum und weiß nicht, was er tun soll, kommt auch nicht auf die Idee, sich hinzulegen? Er kann nur dann tagsüber schlafen, wenn du ihn körperlich richtig erschöpft hast?
Natürlich fordert er das ein, was er kennt, denn auch sein Gehirn schützt ihn vor Unbekanntem und erwartet, dass alles so läuft, wie es immer war. Wenn dein Hund bisher nichts anderes kennengelernt hat, woher soll er wissen, wie Entspannung funktioniert? Das, was er kennt, wird er immer wieder anbieten, denn er kennt noch keine Alternative dazu.
Es ist deine Aufgabe, ihm diese anderen Möglichkeiten zu zeigen und beizubringen. Es braucht Zeit, um alte Gewohnheiten zu verändern und neue Routinen zu etablieren. Du eröffnest deinem Hund eine neue Welt - du weißt, dass sie toll ist, oder ahnst es zumindest. Für deinen Hund braucht es Zeit, um sich in dieser Welt vollends zu Hause zu fühlen.

Wenn ein Kind bisher nur von Fastfood und Schokolade gelebt hat, wird es einige Zeit brauchen, um sich auf eine gesunde Ernährung einzulassen. Der Körper verlangt nach Zucker, genauso wie der Körper deines Hundes nach Adrenalin lechzt. Aber ist es deshalb gut? Oder würdest du nicht auch mit dem Kind Stück für Stück versuchen, auf gesündere Ernährung abseits der Zuckersucht hinwirken, damit es lange und gesund leben kann?

Du weißt, dass dein Hund die Ruhe braucht. Dann hilf ihm dabei ein Leben zu führen, das ihm guttut.

Mein Hund ist noch so jung, der muss sich doch austoben!

Jap. Stimmt.
Und es stimmt auch, dass gerade ein junger Hund die Welt noch sooo aufregend findet, dass er mehr Pausen zum Verarbeiten braucht, als ein erwachsener Hund, der das alles schon hundert Mal gesehen hat.
Genauso wie bei uns Menschen brauchen die Heranwachsenden deutlich mehr Schlaf und häufigere Pausen. Kleinkinder, Schulkinder und sogar Teenager haben ein höheres Schlafbedürfnis als Erwachsene. Schon allein deshalb, weil der Körper ständig mit Entwicklungsprozessen beschäftigt ist. Dazu kommt die psychische Komponente: Alles Neue was dein Hund wahrnimmt und erlebt, möchte im Gehirn sinnvoll eingeordnet und gespeichert werden. Dafür braucht es Schlaf.

Das Austoben und überschüssige Energie loswerden, findet in kurzen Sequenzen in den Wachphasen statt. So wird ein junger Hund eher mal richtig Rennen wollen oder mal voll Aufdrehen, wenn irgendwas ihn riesig freut, als ein erwachsener Hund. Er wird sich nicht so lange konzentrieren können und zwischendurch immer wieder Phasen haben, in denen er den Clownsmodus auspackt. Das ist völlig in Ordnung.
Aber das findet nicht den ganzen Tag statt. Es ist eher so, dass die Höhe der Aufregung bei Junghunden schnell steigt und vielleicht auch höher geht, als bei Älteren. Aber das heißt nicht, dass diese Aufregung ich über eine lange Zeit ausdehnt.
Wie bei uns Menschen auch: Wir Erwachsenen ändern unsere Stimmung nicht mehr so schlagartig wie Kinder es tun und wir sind etwas gemäßigter in der Intensität. Wo der Vierjährige sich gerade noch über etwas sehr stark geärgert hat, kann er in der nächsten Sekunde völlig hin und weg vor Begeisterung sein, wenn ein Bagger in Sicht kommt.
Wir Erwachsenen freuen uns auch über viele Dinge, aber über so alltägliche Dinge wie einen Bagger wahrscheinlich nicht mehr so überschwänglich. (Ausnahmen bestätigen wie immer die Regel.)
Und genauso, wie die meisten Eltern dem Vierjährigen eine Pause verschaffen würden, wenn er einen so aufregenden Vormittag hatte, damit er später nicht übermüdet und genervt wird, verschaffst du deinem jungen Hund ausreichend Schlafpausen, um die Akkus wieder aufzufüllen.

Zwei, drei, oder mehr - Hunde in der Mehrzahl

Sag mal, wie mache ich das eigentlich, wenn ich mehrere Hunde habe?
Die Frage wurde mir zur ersten Auflage des Buches ganz oft gestellt. Und ich muss dich enttäuschen. Das hier wird kein Kapitel darüber, wie genau der Masterplan aussieht.
Denn: Schon ein Hund ist so individuell und in Kombination mit dir und euren Lebensumständen ist die Antwort auf „wie kriege ich denn nun Ruhe in den Alltag“ so komplex, dass sie in einem Buch so konkret nicht zu beantworten ist. Daher leitet dich dieses Buch ganz bewusst dazu an, dass du deine eigene für euch passende Lösung findest.
Was ich dennoch versuchen möchte, ist dir ein paar Ideen mitzugeben, wo du hinschauen kannst und wie mögliche Lösungen aussehen können, damit du von dort aus euren Weg entwickeln kannst.
Für dieses Kapitel gehe ich, rein für die Formulierung von zwei Hunden aus, damit es einfacher wird. Wenn du mehr Hunde hast, pass das bitte für dich entsprechend an.

Ich vermute, deine Hunde sind jeder für sich ganz unterschiedlich in ihren Bedürfnissen, in ihrem Verhalten und in ihren Reaktionen auf Reize. Du kennst sie am besten und du weißt, was jeder von ihnen braucht. Im ersten Schritt machst du dir klar, ob jeder deiner Hunde im Moment zu viel Stress hat, oder ob es auch ganz entspannte Exemplare in eurer Familie gibt. Sicher gibt es kein Schwarz-Weiß, also nicht DEN einen Hund der völlig gestresst ist und den anderen, der jederzeit und überall völlig gelassen ist. Wahrscheinlich bewegen sie sich auf einer gedachten Stress-Skala von 1-10 einfach an einer beliebigen Stelle.

Entscheide zuerst, ob du für jeden deiner Hunde mehr Entspannung fördern möchtest, oder ob es einen gibt, der das schon super kann. Vielleicht möchtest du auch mit einem anfangen und dann den anderen daran teilhaben lassen?

Wenn (erstmal) ein Hund „dran“ ist, dann mach mit ihm all das, was du aus dem Buch für dich als hilfreich erachtest. Entweder hast du dabei trotzdem alle Hunde dabei oder du machst mit diesem Hund das „Programm“ erstmal alleine.
Das könnte bedeuten:

1. Die Tagesablaufanalyse machst du für einen Hund – wenn sie sich sehr unterschiedlich verhalten. Oder einfach „ungefähr“ für beide zusammen, wenn sie sehr ähnliche Ruhe- und Wachzeiten haben und du mit beiden Hunden gleichzeitig etwas mehr Entspannung erarbeiten willst.

2. Die Ruherituale nimmst du ganz speziell mit diesem Hund auf. Du fokussierst dich komplett auf ihn. Oder der andere Hund ist dabei und ihr macht das als Gruppe. Sollten die Hunde sich zu sehr gegenseitig beeinflussen, übst du zuerst alleine mit einem Hund (oder jedem einzeln) und beginnst erst dann, wenn das schon etabliert ist, gemeinsame Ruhephasen einzuführen.

3. Das Pensum an Außenreizen wird speziell für einen Hund heruntergefahren, der andere bekommt entweder eine extra Runde, oder macht beim Entspannungsprogramm mit. Ein bisschen Entspannungsprogramm schadet im Zweifel auch nicht. ;) Das kann zum Beispiel so aussehen, dass du mit beiden Hunden eine ruhigere kürzere Runde als sonst gehst und es dabei belässt. Oder du gehst mit beiden einzeln, damit du für jeden die Runde so gestalten kannst, wie er es braucht. Das empfehle ich auch, wenn du das Gefühl hast, das die Gruppendynamik zusätzlichen Stress bringt. Hund eins also noch aufgeregter wird, wenn Hund zwei dabei ist.

Das heißt nicht, dass du jetzt plötzlich doppelt so lang gehen sollst, weil du mit jedem Hund genauso lang wie vorher gehst. Teile die Zeit dann zwischen den Hunden auf.
Und auch eine dritte Variante hat sich schon als hilfreich erwiesen: Wenn die Hunde gemeinsam gut und entspannt klarkommen, dann gibt es eine gemeinsame kurze Runde für alle und entweder anschließend oder zu einem anderen Tageszeitpunkt eine zusätzliche Runde für den Hund, der mit dem aktuellen Pensum gut klarkommt. Währenddessen wartet der Entspannungsschüler im Auto oder kriegt ein gemütliches Schläfchen zu Hause. Je nachdem was für euch machbar ist, was die Hunde können und was in euren Ablauf gut reinpasst.

Wenn du mit beiden Hunden an der Entspannung arbeiten möchtest, dann gilt es herauszufinden, ob es für euch besser funktioniert, wenn ihr die Veränderungen gleichzeitig mit allen einbringt, oder ob die Hunde sich gegenseitig wieder anstacheln.
Sollte es zu schwierig sein, die Veränderungen Richtung Ruhe mit beiden Hunden gleichzeitig zu machen – egal ob einer der Hunde damit nicht klarkommt, oder es für dich zu anstrengend wird beide so zu begleiten, wie sie es brauchen, dann versuche auch hier erstmal einzeln die Veränderungen einzuführen und dann in der Gruppe zu übernehmen.

Zum Abschluss dieses Kapitels lass, möchte ich noch mir der einen großen Frage aufräumen, die bei meinen Kunden immer wieder aufkommt, wenn es darum geht, den Tag für die Hunde unterschiedlich zu gestalten.
„Ist das nicht unfair, wenn ich einen mitnehme und den anderen nicht?"
So wie ich auf die Welt schaue, ist es fair jeden Hund nach seinen Bedürfnissen individuell zu behandeln. Und zu versuchen jedem Hund und Mensch der Familie seine Bedürfnisse bestmöglich zu erfüllen.
Unfair wird es – in meiner Perspektive – wenn alle dasselbe machen müssen, damit auf Biegen und Brechen jeder auf dem Papier „dasselbe" bekommen hat. Wenn Hund eins einfach nur schlafen will, aber auf den Spaziergang mitgehen soll, damit er genauso viel draußen ist, wie die anderen. Dann werden die Bedürfnisse der anderen erfüllt, aber das höhere Schlafbedürfnis des anderen Hundes ignoriert.
Es kann sein, dass es Gewöhnung braucht. Damit die Hunde lernen auch mal alleine zu sein – wirklich alleine und eben nicht „gemeinsam" alleine. Und für manche Hunde wird das nicht klappen, weil sie sich daran einfach nicht mehr gewöhnen wollen. Das kann sein.
Ich möchte dir hiermit gar nicht sagen: Mach das auf jeden Fall so.
Ich möchte nur, dass du dich von dem Gedanken löst, dass du alles mit allen Hunden genau gleich machen musst.

Und ganz wichtig.
Setze dich auch hier nicht selbst unter Druck. Es ist normal, dass mit mehreren Hunden nicht immer alles möglich ist, manches länger dauert, schwieriger umsetzbar ist und allgemein Umstellungen und Training aufwändiger werden. Lass dir Zeit und gehe die Schritte so, wie es für euch gut passt. Jage keiner Perfektion hinterher, die es nicht gibt (übrigens auch nicht mit einem einzelnen Hund). Worauf es ankommt, ist die Entwicklung. Wenn ihr aktuell alle sehr gestresst seid, dann ist jeder Ruhemoment wertvoll, jede Minute mehr Schlaf kostbar. Gib der Entwicklung Zeit und jedem in eurem Team die Chance diese Entwicklung in seinem Tempo zu machen.

Phase 2 - Balancieren

Nachdem ihr euch über mehrere Wochen absolute Ruhe gegönnt habt und dein Hund nun die Chance hatte, sich mal so richtig auszuschlafen und Entspannung zu finden, kommt nun die Phase des Neu-Lernens.
Denn das Leben ist nicht immer nur ruhig und immer nur Entspannung. Es darf auch Anspannung geben. Damit der Hund ausgeglichen sein kann, braucht es ein sinnvolles Verhältnis von Anspannung und Entspannung, das für jeden Hund unterschiedlich sein kann.
Die beiden Extreme hast du nun schon kennengelernt: Viel Anspannung, bevor du in die Detox-Phase gestartet bist und richtig viel Entspannung während der Detox-Phase.
Wie ein Seiltänzer , der anfangs noch stark schwankt, um oben zu bleiben, brauchtest auch du mit deinem Hund die Erfahrung, in beide Richtungen extreme Bewegungen zu machen. Und genau wie der Seiltänzer, der mit der Übung immer besser und besser wird, bis er schließlich lernt, über kleinste Bewegungen die Balance zu finden, wirst auch du lernen, auf Dauer die Balance für deinen Hund zu halten.

In diesem Kapitel geht es darum, wie du nach und nach ausprobieren kannst, wie bestimmte Aktivitäten sich auf deinen Hund auswirken, damit du später besser einschätzen kannst, wann es zu viel wird und wann noch viel Entspannung im Vorrat ist.

Daher werden wir uns nun der Reihe nach anschauen:

- Wie du balancieren lernst
- Wie du schwierige Situationen trainieren kannst
- Wie du langfristig die Balance beibehalten kannst
- Wie du außergewöhnliche Situationen vorbereitest

Wie du balancieren lernst

Das Wichtigste zu Beginn: Übung macht den Meister! Kein Seiltänzer ist von Anfang an perfekt. Und auch nach jahrelanger Übung wird er hin und wieder herunterfallen.
Erwarte nicht von dir, dass du sofort den perfekten Weg findest. Es ist normal, von einem Extrem ins andere zu fallen, immer wieder, immer wieder ein bisschen weniger extrem. Bis du bald sehr schnell darin wirst, das Umschwenken wieder auszugleichen.
Auch wenn du dabei deine eigenen Erfahrungen machen darfst und du deinen eigenen Weg finden sollst, möchte ich dir ein paar meiner Erfahrungen mit auf den Weg geben. Sie können dir als Leitfaden, Inspirationsquelle oder Starthilfe dienen - ganz, wie du sie für dich nutzen möchtest.

Aus der Detox-Phase heraus bietet es sich jetzt an, nach und nach wieder Elemente in den Alltag zu nehmen, von denen du weißt, dass sie für deinen Hund aufregend sind.
Wobei es explizit darum geht, die „Wach-Zeit" des Hundes anders zu gestalten als in der Detox-Phase und nicht, die Schlafenszeit wieder zu reduzieren.
Wähle zum Beispiel eine Gassi-Route, die aufregender ist, oder auf der mehr andere Hunde unterwegs sind.
Verlängere einen Spaziergang, um wieder einmal eine richtig schöne Wanderung zu machen.
Oder füge nun innerhalb eines Spaziergangs wieder einige Minuten an bewusstem Training ein.

Wichtig dabei ist: Verändere nicht alles auf einmal, so dass du wieder bei dem Pensum bist, was du hattest, bevor du das Buch gelesen hast.

Nimm einzelne Veränderungen vor und beobachte, was passiert. Am Beispiel einer Wanderung: Beobachte während des Spaziergangs, wie dein Hund reagiert, wenn die Strecke und Zeit länger wird. Wie verhält er sich? Ist er weiterhin ruhig und gemütlich, oder braucht er gegen Ende öfter Unterstützung dabei, ruhig zu bleiben? Beobachte, wie er sich unmittelbar danach zu Hause verhält. Legt er sich hin und schläft sofort, oder braucht er dann er wieder Zeit, um herunterzukommen, ist vielleicht aufgedreht und schafft es nicht, sich alleine zu beruhigen? Und beobachte auch in den Tagen danach, ob er wieder genauso entspannt ist wie vorher, oder ob es jetzt wieder mehr Verhaltensweisen gibt, die der Aufregung zuzuschreiben sind.
Vielleicht möchtest du dir die Auswirkungen aufschreiben, um später einen Überblick zu haben.

Dann erst verändere das nächste Element und beobachte, was passiert.
Vielleicht bist du vor der Detox-Phase täglich mit deinem Hund eine Stunde joggen gegangen und möchtest das gemeinsame Joggen sehr gerne wieder integrieren. Dann beginne doch einmal in der Woche mit 20 Minuten gemeinsamem Joggen und erkläre den Rest der Zeit zur Trödelrunde.
Hast du das Gefühl, dein Hund kommt prima damit klar und er kommt danach und in den kommenden Tagen immer noch gut von allein zur Ruhe, dann spricht nichts dagegen diese Runde wöchentlich in euren Alltag zu integrieren. Vielleicht tut ihm das so gut, dass du es sogar öfter machen möchtest. Dann erhöhe langsam und beobachte bei jedem Schritt, was passiert. Denk dabei daran, dass die Auswirkungen nicht nur direkt nach der Runde, sondern auch Tage danach sichtbar werden, da die Summe der Dinge das Stressfass deines Hundes füllt.

Vielleicht steht ein verlängertes Wochenende mit Familienbesuch an, das für den Hund aufregend wird und an dem er sicher weniger zur Ruhe kommt als sonst. Sehr wahrscheinlich kommt er mit so einer Situation jetzt schon viel besser klar als vor der Detox-Phase. Wenn du ihn interessiert beobachtest, kommt vielleicht irgendwann der Punkt, an dem du merkst, jetzt ist es zu viel und er kann nicht mehr abschalten. Schreib dir auf, wann dieser Punkt kommt und freue dich darüber, dass dein Hund es jetzt schon 16 Stunden im Ausnahmezustand schafft und relativ ruhig bleiben kann, ohne völlig auszuflippen.
Auch in den kommenden Tagen werden wahrscheinlich wieder ein paar Aufreger dabei sein und Momente, die er ohne den Stress vorher schon gut meistern würde, die jetzt aber nicht mehr gut kappen. Da du weißt, woher das kommt, kannst du viel ruhiger sein und gut damit umgehen. Du weißt: Alles, was mein Hund jetzt braucht, ist wieder mehr Ruhe und kein zusätzliches Training.

Es lohnt sich, hier regelmäßig immer wieder Tagesablaufanalysen zu erstellen. So gehst du sicher, dass dein weiterhin Hund genug schläft und bekommst gleichzeitig einen guten Einblick, welche Effekte die veränderten Aktivitäten haben.

Möglicherweise triffst du auf Situationen, die auch nach der Detox-Phase noch als „Baustelle" zu bezeichnen sind. Das ist völlig normal, denn nur weil er gelassener ist und sich besser konzentrieren kann, heißt das nicht, dass alle Verhaltensweisen gleich so sind, wie du sie dir von deinem Hund wünschst. Wie du im Training vorgehen kannst, erklärt der nächste Abschnitt.

Wie du schwierige Situationen trainieren kannst

Ein Ziel der Detox-Phase war es, durch die Entspannung auch eine bessere Konzentrationsfähigkeit zu erreichen. Training unter Stress ist wenig erfolgreich oder sogar frustrierend.
Wenn du jetzt aus der Entspannung heraus das Training für eure Herausforderungen wieder aufnimmst, wird es viel effektiver sein.
Die Probleme, die wir Menschen mit unseren Hunden haben können und auch deren Lösungsmöglichkeiten sind so vielfältig, dass sie jedes für sich großer Aufmerksamkeit bedürfen um sie vollumfänglich zu erklären. Das kann ich hier in diesem Buch nicht leisten und darum geht es im Kern hier nicht. Es gibt viele Möglichkeiten, einem Hund Leinenführigkeit beizubringen, ihm zu helfen in Hundebegegnungen sicherer zu werden oder ihn zu unterstützen, nach einem Spiel wieder runterzufahren, statt ständig im aufgeregten Modus zu bleiben.
Hierbei ist die Hilfe eines versierten Trainers, die Inspiration eines Buches genau zum Thema oder eines Onlinekurses gefragt, damit du die für euch passende Vorgehensweise findest.
Dennoch möchte ich dir anhand von den eben genannten Beispielen erklären, worauf es ankommt und wie du auch im Training Entspannung aufrechterhalten kannst.

Leinenführigkeit: Auch wenn der Hund im entspannteren Zustand und bei gemütlicheren Spaziergängen schon mit deutlich weniger Zug an der Leine ist und sich besser zurücknehmen kann, heißt das noch nicht, dass er Leinenführigkeit wirklich verstanden hat. Das bedeutet zunächst „nur", dass er sich langsamer bewegt und ein besseres Körpergefühl hat. Das führt dazu, dass er viel schneller merkt, wann die Leine zu Ende ist und es schafft, sie wieder von allein zu lockern. Es bedeutet noch nicht, dass er nicht an der Leine zieht, wenn er irgendwohin möchte, oder dass er grundsätzlich von allein den

Leinenradius einhält.
Den Leinenradius einhalten, ist meine Definition von Leinenführigkeit. Mir ist egal, ob der Hund vor, hinter oder neben mir läuft; im Radius der jeweiligen Leinenlänge soll er sich selbstständig aufhalten und Zug vermeiden.
Am Beispiel der Leinenführigkeit möchte ich dir ein Element verdeutlichen, was mir beim Trainingsaufbau wichtig ist.
Erkläre dem Hund, was er tun soll und nicht nur, was er nicht tun soll.
Stell dir vor, du stehst in einem Raum mit jeder Menge Möbel und dir wird nicht gesagt, was du tun sollst. Du versuchst verschiedene Dinge, aber egal, was du tust, immer hörst du einen Piepton für „Nein, falsch". Du öffnest Schränke, setzt dich auf Sessel, schaust in den Spiegel und drehst dich im Kreis. Alles ist falsch. Es gibt so viele Optionen und du brauchst ewig, um herauszufinden, dass du die blaue Vase auf ein Tischchen stellen sollst. Diese Ungewissheit kostet Zeit und sorgt dafür, dass du in Stress gerätst.
Viel leichter und effektiver wäre doch, man würde dir sagen: „Suche die blaue Vase und stelle sie auf das runde Tischchen", bevor du den Raum betrittst. Vielleicht hast du noch zwei Fehlversuche, weil du ein anderes Tischchen auswählst, aber du weißt, was zu tun ist und kannst darauf hinarbeiten.
So geht es auch unseren Hunden, wenn wir mit ihnen trainieren. Spannenderweise gibt es immer auch viele Trainingsmethoden, die dem Hund nur das „Nein, falsch" zurückspielen, ihm aber nie wirklich sagen, was zu tun ist.

Am Beispiel der Leinenführigkeit:

- Bleib stehen wie ein Baum, sobald dein Hund zieht. - Beim Hund kommt an: „Nein, falsch."
- Ruck an der Leine - Beim Hund kommt an: „Nein, falsch."
- Dreh um und lauf in die andere Richtung - Beim Hund kommt an: „Nein- falsch."

Warum erklären wir ihm nicht über unsere Körpersprache in so kleinen Trainingshäppchen, die er verstehen kann, was wir von ihm wollen und loben ihn, wenn die Leine locker bleibt?Stattdessen warten wir darauf, dass er einen Fehler macht, um ihm nur dann ein Feedback zu geben. Das ist nicht nur wenig sinnvoll für den Lernerfolg, es macht auch Stress.

Hundebegegnungen: Beim Training von gelassenen Hundebegegnungen gilt natürlich dasselbe wie bei der Leinenführigkeit. Statt den Hund anzumaulen, wenn er den anderen lautstark auf Abstand halten möchte, ist es sinnvoller, ihm zu erklären, was er tun soll. Denn mal unter uns - wenn der Hund wüsste, wie er mit der Situation anders umgehen sollte, dann würde er es doch tun.

Aber hier möchte ich auf zwei weitere Aspekte eingehen, die mit dem Stresslevel während des Trainings und damit auch mit dem Trainingserfolg zusammenhängen.

1. Wähle die Schritte im Training so, dass dein Hund sie umsetzen kann. Wenn dein Hund Hunde in einer Distanz von 50 Metern noch anschauen kann, ohne auszuflippen, dann beginne in dieser Distanz mit dem Training. Verkürze erst dann, wenn er weiß, was zu tun ist und sicherer wird.

2. Zwei erfolgreiche entspannte Begegnungen sind viel wertvoller als fünf Versuche, bei denen die ersten beiden gut waren und die letzten drei schon zu viel für den Hund, sodass er sich nur mit großer Mühe zurückhalten kann. Erinnere dich an den Anfang des Buches, wo ich erklärt habe, wie sich der Stress nach so einer Situation im Körper auswirkt. Irgendwann kommt ein Punkt, an dem die Summe der Anforderungen in dieser Trainingseinheit zu viel war. Wenn es irgendwie möglich ist, vermeide es, diesen Punkt zu überschreiten.

Wenn Hundebegegnungen euer Thema sind, dann ist vielleicht auch mein Buch “Abenteuer Hundebegegnungen: Andere Hunde treffen ohne Stress” interessant für dich. Den Link findest du natürlich auf der Website zum Buch.

Aufgeregt sein nach Spiel/Training: Findet dein Hund kein Ende nach dem Spiel, ist sofort von null auf hundert, wenn er Menschen sieht, oder schafft es allgemein nach einer Aktivität nicht wieder runterzufahren? An diesem Beispiel möchte ich auf den letzten wichtigen Trainingsaspekt eingehen, der für stressfreies Üben sorgt. Vereinbare klare Spielregeln für den Ablauf. Wenn dein Hund kein Ende findet, dann hilf ihm dabei herunterzufahren und bringe ihm ein Signal bei, das für ihn das Ende einer Aktivität markiert.
Meine Hündin Alma zum Beispiel würde für Futter nahezu alles tun. Das kann manchmal gut sein, bedeutet aber auch, dass ihre Aufregung immer hoch ist, wenn es um Futter geht. Damit ich diese - für sie hochwertige - Belohnung dennoch einsetzen kann, ohne dass sie nach der kurzen Übung völlig aus dem Häuschen ist und mir in die Jackentasche kriecht, gibt es bei uns ein „Ende"-Signal. Nach diesem Signal weiß sie: „Das Training ist beendet, egal, was ich jetzt tue, ich bekomme keinen Keks mehr." Oder auch: „Das Spiel ist vorbei, jetzt gehen wir entspannt weiter." So kann sie mit vollem Elan trainieren, aber danach ist sie fast sofort wieder im Entspannungsmodus und nimmt die Aufregung nicht auf den ganzen Spaziergang mit.

Kommt die Aufregung eher durch die Anwesenheit von Kindern oder in einer bestimmten Umgebung, dann könnte es hilfreich sein, wenn du dich mit deinem Hund in die Umgebung setzt und ihn einfach zuschauen lässt. So hat er die Möglichkeit, die verschiedenen Reize zu verarbeiten, ohne dabei selbst mitten im Geschehen zu sein. Die Erfahrung, auch in einem solchen Moment - zum Beispiel in Sichtweite eines Spielplatzes - ruhig werden zu können, wird deinem Hund helfen, die Entspannung auch mit in die Begegnung mit den Kindern zu nehmen.

Ganz allgemein gilt: Was auch immer es bei deinem Hund ist, was ihm Stress im Training bereitet. Gehe auf Ursachenforschung und finde heraus, woran es liegt. Wenn du das weißt, schickt dir dein Bauchgefühl ganz sicher die passende Lösung. Oder du holst dir einen Experten an deine Seite, der dir dabei hilft.
Egal, welche Baustellen ihr aktuell noch habt. Trainiere nicht alle auf einmal, sondern setze Prioritäten. Die Herausforderungen, die häufig in eurem Alltag auftreten und bei denen dein Hund heftig reagiert, zuerst. Wenn diese entspannter geworden sind, dann nimm die weniger häufig auftretenden dazu, oder solche, bei denen du auch eine „Geht schon irgendwie"-Lösung für die Zwischenzeit gefunden hast.

Wie du langfristig die Balance halten kannst

Wie du über einen kurzen Zeitraum gut einschätzen lernst, wieviel Beschäftigung deinem Hund guttut und wann er mehr Pause braucht, hast du in den vorangegangenen Kapiteln schon erfahren.
In der Theorie müsstest du diese Balance „einfach nur" dauerhaft fortsetzen und der Hund wäre immer in seiner Ruhe.
Das Leben liefert uns allerdings keine solche Gleichmäßigkeit, dass das umsetzbar wäre. Es wird immer wieder Phasen geben, die stressiger sind. Das ist für uns Menschen so und auch für die Hunde.
Es ist egal, ob der phasenweise erhöhte Stress durch Anforderungen deines Tagesablaufes kommt, oder durch natürliche Veränderungen (zum Beispiel die Läufigkeit einer Hündin) verursacht wird.

Wichtig sind dabei folgende Dinge:

1. Wenn dein Hund über die Zeit doch wieder aufgedrehter wird, versuche einen Schritt zurückzutreten und die Ursache zu finden. Gerade dann, wenn die Schlafphasen des Hundes schleichend kürzer werden. Er doch wieder mehr hinterherläuft oder die Spaziergänge etwas länger und schneller werden. Solche langsamen Veränderungen nehmen wir Menschen selten ganz bewusst wahr. Für den Hund macht es auch nicht gleich einen großen Unterschied, aber irgendwann wird dann z.B. der Schlafmangel zu viel und macht sich im Verhalten bemerkbar. Vielleicht braucht dein Hund in der kalten Jahreszeit mehr Futter als im Sommer und der latente Hunger sorgt für Stress, vielleicht ist ihm beim Spaziergang auch kalt und er versucht sich über höheres Tempo warm zu laufen, was ihm durch die Geschwindigkeit mehr an Reizen einbringt, die er so schnell nicht verarbeiten kann. Vielleicht bist du in letzter Zeit angespannter, weil im Büro die anstrengendste Phase des Jahres beginnt.

   Du weißt jetzt schon, dass all diese Dinge eine Rolle spielen können. Und doch passiert es uns im Alltag schneller als wir denken, dass wir sie aus den Augen verlieren. Auch mir geht das immer wieder so. Wenn Alma gerade etwas aufdreht oder ein Verhalten zeigt, was mir nicht gefällt, zergrübele ich mir den Kopf, woran es liegt. Sehr häufig sind es alte Muster, die zurückkommen und nachfragen, ob sie nicht doch bleiben dürfen.

   Es ist in Ordnung und normal, dass so etwas passiert. Wichtig ist dann, dass du selbst bei der Ursachenforschung nicht zurück in dein altes Verhalten fällst und die Lösung in „Was kann ich mehr machen?" (mehr Training, mehr Beschäftigung, mehr Futterzusätze) suchst, sondern dein

Gedanke auch in Richtung „ Was kann ich noch weglassen?“ (weniger Programm, weniger verschiedener Input, weniger Chaos im Futter) geht. Je öfter du die Erfahrung machst, desto schneller wirst du merken, dass etwas in die falsche Richtung läuft und die passende Lösung dafür finden. Dadurch werden auch über sehr lange Zeiträume die „Wackler“ beim Balancieren immer kleiner.

2. Entspannungsspeicher brauchen Zeit, um gefüllt zu werden. Es ist nicht schlimm, wenn es Phasen in eurem Alltag gibt, wo gar nichts Großartiges passiert. In den letzten Wochen, in denen ich an diesem Buch geschrieben habe, hat Alma fast die komplette Zeit neben mir gelegen und geschlafen. Wir waren für kurze Spaziergänge draußen. Irgendwelche anderen Beschäftigungen gab es nicht. Sie fängt deswegen nicht an, mir auf der Nase herumzutanzen oder Beschäftigung einzufordern. Sie schläft viel und ist völlig entspannt. Und ich freue mich darüber! Denn ich weiß, dass eine Phase vor der Tür steht, die anstrengender für sie wird und wo sie gut von ihrem gefüllten Entspannungsspeicher profitieren kann. Die langfristigen Effekte der Entspannung sind für mich immer wieder faszinierend zu beobachten.

Als ich Alma kennengelernt habe, da waren schon halbtägige Ausflüge für sie ein echter Kraftakt. Für mich und meine Nerven übrigens auch. Alles, was außerhalb unseres ganz normalen Alltags ablief, war für sie zu viel. Innerhalb kürzester Zeit war sie so aufgeregt, dass sie nur noch nervös hin und her gelaufen ist und bei jedem Geräusch gebellt hat. Das wurde nach und nach besser; je ruhiger sie insgesamt war, desto besser konnte sie auch solche Situationen aushalten. Aber erst nach ca. 1,5 Jahren hatte ich das Gefühl, für die Sondersituationen den Durchbruch erreicht zu haben. Wir waren zu Besuch bei meinen Eltern, so ein verlängertes Wochenende war bis dahin recht nervenaufreibend für Alma gewesen. Sie kam zwar nach und nach besser zur Ruhe, aber am Ende des Wochenendes und wenn wir wieder zu Hause waren, war sie doch deutlich reizbarer als sonst. Und an diesem besagten Wochenende kam sie bei meinen Eltern voll zur Ruhe, hat sich von alleine zurückgezogen, als es ihr zu viel wurde und hat sich, als wir zu Hause waren, hingelegt und bis zum nächsten Mittag durchgeschlafen. Sie brauchte zwar mehr Schlaf als sonst, war aber immer noch in sich ruhend und gelassen, sogar Geräuschen gegenüber. Ungefähr nach 3 Jahren Ruhe und Entspannung habe ich mit ihr einen 4-wöchigen Urlaub gemacht. Nur wir beide, mit dem Auto quer durch Deutschland. Es war aufregend - ja! Aber sie war nie in so einem überdrehten Zustand wie damals, als ich sie kennengelernt hatte.

Aus diesen beiden Erfahrungen mit Alma kannst du Folgendes mitnehmen: Es lohnt sich, vor und nach geplant aufregenden Phasen (Urlaub, Familienbesuch, Kinder haben Ferien) ganz bewusst extrem ruhige Phasen für den Hund einzubauen, damit er seine Entspannungsspeicher füllen kann. Und - auch längere Phasen, in denen einfach nur Entspannung herrscht, sind kein Grund für ein schlechtes Gewissen. Der Punkt, an dem der Speicher wieder gebraucht wird und du froh darüber bist, dass es vorher so ruhig war, kommt ganz bestimmt.

3. Der letzte wichtige Punkt in dieser Reihe ist deine eigene Gelassenheit. Das Wissen um die Ursache für ein Verhalten deines Hundes, was dich stört, hilft dabei entspannt zu bleiben. Wenn du keine Ahnung hast, warum dein Hund wie wild geworden reagiert und du ihn nicht mehr erreichen kannst, macht das auch dir Stress. Nach diesem Buch weißt du, was du tun kannst. Du findest die Ursachen und bist in der Lage, Lösungen zu finden. Und manchmal ist es auch so, dass im Moment keine Lösung möglich ist. Vielleicht hast du gerade eine Phase, in der du deinen Alltag nicht anders einrichten kannst, obwohl es deinem Hund so wie es ist Stress macht. Das ist in Ordnung - ihr lebt gemeinsam und dann zählen neben den Bedürfnissen des Hundes auch immer die der Menschen. Manchmal passiert es dann, dass der Hund zum Beispiel in Schlafmangel gerät und du in der aktuellen Situation keine hilfreiche Lösung hast. Dann reagiert der Hund vielleicht über, wird wieder hektischer, oder kann sich schlechter konzentrieren. All das wird es immer wieder mal in eurem Leben geben. Aber wenn du weißt warum, brauchst du dir deswegen nicht den Kopf zu zerbrechen, sondern kannst es als aktuellen Kompromiss akzeptieren, ohne dabei ärgerlich mit dem Hund oder mit dir zu werden.

Lass das Leben fließen. Erlaube Phasen der Entspannung und genieße auch die Phasen der Anspannung. Ein erfolgreicher Seiltänzer macht immer das Beste aus der gegebenen Situation. Das kannst du auch!

Wie du außergewöhnliche Situationen vorbereitest

Sollten große Veränderungen in eurem Leben anstehen oder länger geplante außergewöhnliche Situationen, kannst du für deinen Hund ganz bewusst hilfreiche Entspannungshilfen vorher aufbauen. Wenn du zum Beispiel weißt, dass ihr eine lange Autofahrt vor euch habt, der Hund aktuell aber nur kurze Autostrecken gewohnt ist und sich im Auto eigentlich nie hinlegt, lohnt es sich hier in Vorbereitung etwas andere Rituale zu etablieren. Der Hund könnte zum Beispiel einen anderen Sitzplatz (oder auch nur eine andere Decke in seinem Platz) bekommen, wenn die Fahrt länger dauert. So kann er sich darauf einstellen und kommt bei der Fahrt in den Urlaub früher auf die Idee, die Zeit für Entspannung zu nutzen, statt auf die Zielankunft zum Spazierengehen zu warten.

Vor meinem Umzug mit Alma habe ich mir überlegt, welche Situationen ihr dabei wohl den meisten Stress machen würden und versucht, diese anders zu gestalten. Es war klar, dass im Vorfeld des Umzugs häufiger fremde Menschen in die Wohnung kommen würden. Potentielle Nachmieter, die sich die Wohnung anschauen wollten, oder Handwerker, die mein Hausmeister beauftragt hatte, um schon kleinere Arbeiten zu erledigen. Dieses Kommen und Gehen, ständiges Klingeln, fremde Leute bewegen sich in der Wohnung und machen Lärm - wäre für Alma wirklich zu viel gewesen. In solchen Momenten braucht sie meine Unterstützung und die hätte ich ihr nicht ausreichend geben können, da ich beschäftigt war, die Menschen durch die Wohnung zu führen. Deswegen brauchten wir für diese Situation einen Plan B. Nach einer Weile war mir klar, dass die entspannteste Lösung wohl wäre, wenn sie in der Zeit im Auto wartete. In unserer Tiefgarage war es meistens ruhig. Allerdings wusste ich nicht, wie Alma reagieren würde, wenn andere Leute dicht am Auto vorbeigehen würden, wenn sie sie sehen kann. (Und keiner kann wissen, ob die Menschen dann nicht noch vorm Auto stehenbleiben, um sie beruhigen zu wollen, was sie dann völlig wahnsinnig machen würde.) Also brauchte ich eine „blickdichte Lösung", damit Alma die Zeit wirklich für Entspannung statt für das Beobachten der Umgebung nutzen konnte. Ich stellte ihre Box auf meine Rückbank - das kannte sie schon, denn auf längeren Fahrten sitzt sie immer da - und übte mit ihr schrittweise für kurze Zeit im Auto zu bleiben.

Grundsätzlich kannte sie es auch vor dem Umzug schon im Auto auf mich zu warten. Etwa an der Tankstelle oder kurz beim Einkaufen. In der Tiefgarage zu schlafen, obwohl wir nicht mit dem Auto unterwegs waren, war

allerdings nochmal etwas anderes.
Daher blieb sie die ersten Male für wenige Minuten nach dem Spaziergang im Auto in ihrer Box sitzen. Ich nutzte die Zeit, um im Keller kurz Kleinigkeiten zu sortieren. Die ersten Male war ich zwischen zwei und fünf Minuten weg. Von Ruhe und Schlafen war da natürlich noch keine Rede, aber sie konnte sich schon daran gewöhnen, dass sie noch im Auto blieb, während ich ging. Über die folgenden Wochen wurde die Zeit Schritt für Schritt länger. Nachdem wenige Minuten gut klappten, konnte ich auch schon etwas mehr „Umzugsarbeiten" während Almas Übungsphase erledigen. Auf dem Weg vom Keller zum Müllplatz lief ich durch die Tiefgarage, um gleich ein Ohr darauf zu haben, ob alles ok ist. Und es war still, auch als ich direkt am Auto vorbeilief. Sehen konnte sie mich nicht, da ich alles blickdicht geschlossen hatte. Das war ein echter Grund zur Freude, denn so war ich mir sicher, dass diese Lösung wirklich die gewünschte Entspannung liefern würde.
Bald schon konnte ich sie sowohl vor der Fahrt als auch danach im Auto lassen, ohne dass sie das als etwas Besonderes empfand.
Dann kam der Tag, an dem wir diese neue Möglichkeit zum ersten Mal unter Realbedingungen brauchten. Gleich 5 Menschen kamen zur Wohnungsbesichtigung. Einige Minuten vorher brachte ich Alma ins Auto, um dann die Besucher reinzulassen. Ich konnte mir Zeit für die potentiellen Nachmieter nehmen, um Fragen zu beantworten und wusste, dass Alma im Auto eine entspannte Zeit hatte. Als ich nach etwas mehr als einer Stunde wiederkam, traf ich einen völlig verschlafenen Hund im Auto an. Wir fuhren gleich in den Wald und hatten einen wunderbar entspannten Spaziergang. Mein Plan ging auf! Mit dieser Lösung hatten wir weniger Stress für alle Beteiligten.
Die Autopause hat uns während des Umzugs wahnsinnig wertvolle Zeit geschenkt und Alma zu enorm viel mehr Ruhe verholfen. Auch an dem finalen Umzugswochenende konnte sie, während wir Möbel und Kisten schleppten, hin und wieder ihre Pause im der Tiefgarage genießen. Natürlich war die Zeit trotzdem anstrengend für Alma und mich, denn das Kisten packen und Möbel abbauen hat sie natürlich trotzdem mitbekommen. Aber die Momente, die für sie am schwierigsten gewesen wären, konnten wir so sogar für eine Pause nutzen.

Du siehst - es ist enorm hilfreich, sich vorher Gedanken zu machen, welche Lösungen für den Hund stressige Situationen erleichtern können. Egal, ob es ein Urlaub, ein Abendessen, bei dem Freunde zu euch kommen, oder so wie bei uns sogar ein Umzug ist, es findet sich immer auch eine Möglichkeit, wie man für den Hund etwas mehr Entspannung integrieren kann. Manchmal geht das mit den Mitteln, die ihr nach dem Buch sowieso schon

zur Entspannungsunterstützung nutzt. Die Ruhezone, das Entspannungssignal und die anderen Möglichkeiten können in ganz vielen Situationen hilfreich unterstützen.
Manchmal braucht es veränderte Hilfsmittel oder komplett neue Varianten, die in diesem speziellen Fall dann für Erleichterung sorgen.
Durchdenke die geplante Situation aus Sicht deines Hundes. Was macht ihm wohl am meisten Stress. Ist es an Silvester der Krach oder spielt auch euer Besuch eine Rolle? Was kannst du vorbereiten, um ihm das leichter zu machen? Kannst du die Ruhezone so „abdichten", dass weniger Geräusche durchkommen? Oder vielleicht mag dein Hund lieber ein Kopftuch tragen und Watte in den Ohren haben? Vorbereitet und langsam daran gewöhnt, können solche Dinge eine große Hilfe sein. Wenn man sie zum ersten Mal dann ausprobiert, wenn der Stress schon groß ist, machen sie die Sache häufig schlimmer. Hätte ich Alma einfach so ins Auto gesetzt und dort warten lassen, ohne es vorher zu üben, hätte sie wahrscheinlich eine sehr hektische Zeit verbracht. So konnte sie die Zeit für ein Schläfchen nutzen.

Vielleicht kannst du schon bei der Auswahl des Urlaubsortes auch die Bedürfnisse des Hundes berücksichtigen, damit es im Urlaub für euch alle leichter wird. Vielleicht würde ein Übernachtungsstopp die lange Autofahrt für den Hund leichter machen, wenn Autofahren für ihn schwierig ist. Vielleicht braucht ihr jetzt ein Entspannungssignal, das der Hund dauerhaft mit im Auto haben kann und möchtet das vor dem Urlaub aufbauen. Vielleicht geht es dem Hund besser, wenn er während des Umzugs bei Freunden wartet? Dann wäre auch das eine Lösung, sofern er das schon kennt und nicht beim Umzug zum ersten Mal dort ist.

Was auch immer für deinen Hund funktioniert, ist gut. Lass dir nicht von außen einreden, was dein Hund braucht. Du weißt es am besten!
Und wenn du eine Weile ausprobiert hast, was ich in diesem Buch erklärt habe und dein Bauchgefühl dir sagt, es ist nichts für dich und deinen Hund, dann ist auch das völlig in Ordnung.
Ich wünsche dir und deinem Hund, dass ihr den Weg zum entspannten Alltag findet, denn nichts ist schöner, als in einem gemeinsamen Rhythmus zu leben.

Wenn ich mir wünschen dürfte, welche 9 Gedanken du auf jeden Fall aus dem Buch mitnimmst, dann sind es folgende:

1. Das Schlafbedürfnis eines Hundes ist hoch!

2. Gerade Hunderassen, die viel „Go!“ mitbringen, dürfen Ruhe von uns Menschen lernen. Wir haben sie so gezüchtet, dass sie nicht von selbst auf ihr Ruhebedürfnis achten und sich schnell überfordern. Also ist es unsere Verantwortung ihnen das beizubringen.

3. Stress addiert sich und bleibt viele Tage im Körper.

4. Viele Probleme mit unseren Hunden resultieren aus zu großer Aufregung. Im Training erst die Ruhe reinbringen, dann neues Verhalten trainieren.

5. Es gibt nie den einen Weg. Was für Hund und Mensch funktioniert, darf individuell betrachtet werden.

6. Bevor du an „Was kann ich noch mehr tun?“ denkst, denke an „Was kann ich noch weglassen?“ Weniger ist mehr - das gilt an so vielen Stellen im Leben.

7. Jeder Tag ist anders, bleib dran. Dann wird sich über die Zeit eine Verbesserung einstellen.

8. Fokussiere dich immer wieder bewusst auf die positiven Dinge und lass dich bewusst von den Erfolgen leiten, statt die Baustellen ins Rampenlicht zu rücken.

9. Ich wünsche mir, dass du aus dem Buch mindestens eine Übung mitnehmen kannst, die euren Alltag erleichtert.

Danke

Am Ende bleibt mir noch Danke zu sagen!
So viele Menschen haben mich unterstützt bei diesem Buch. In meinem Bauch wusste ich schon lange sehr genau, dass ich es schreiben möchte. Aber mein Kopf hat lange verhindert, dass ich anfange. Danke Daniel fürs Augen öffnen und die Wahrheit, die ich gar nicht hören wollte.
Das Thema Entspannung liegt mir sehr am Herzen. Es ist für mich die Basis für jedes Training und ein zufriedenes und liebevolles Miteinander nicht nur zwischen Mensch und Hund.

Ein solches Herzensthema in Buchform nach draußen zu bringen, hat Mut und einen kleinen Schubs erfordert. Danke Daniel.

Danke Tina H. fürs Begleiten, Motivieren und mit mir über mich Lachen, wenn ich mal wieder der Meinung war zu dem Thema eigentlich gar nichts zu wissen.
Tina G. du bist der Wahnsinn. Du findest die Stellen wo der rote Faden verloren geht und schaffst es die Schlüsselstellen zu entdecken, wenn ich vor lauter Buchstaben kurz die Orientierung verloren habe. Danke!

Silvia, dein Blick für die wichtigen Momente und die Fähigkeit das im Bild festzuhalten, hat das wunderbare Coverfoto möglich gemacht. Ich kann mir für dieses Buch kein Besseres vorstellen. Es ist wunderbar.

Und natürlich auch meinen Eltern, die mir ermöglicht haben mich einen kompletten Monat um nichts anderes als das Buch zu kümmern. So manches Mal hätte ich das Essen ohne euch wahrscheinlich vergessen.
Eine ganz besondere Erwähnung der Mitglieder meiner Bothshunde Crew. Euer Feedback während des Schreibens war Gold wert. Der Wunsch euch jede Woche das neue Kapitel zu schicken hat mich motiviert, eure Ideen inspiriert. Ich würde jederzeit wieder mit euch schreiben. Und ich verspreche - ich werde es auch tun.

Ich danke auch dir sehr, dass du es bis ans Ende dieses Buches geschafft hast. Ich wünsche dir Freude beim Umsetzen und ganz viele Erkenntnisse für und mit deinem Hund.

Wenn dir das Buch gefallen hat, ist das größte Geschenk was du mir machen kannst, eine nette Rezension auf Amazon.
Über jede einzelne freue ich mich riesig! Du weißt selbst, wie dir die Rezensionen bei der Kaufentscheidung helfen. Und ich möchte das viele Menschen einen entspannten Alltag mit ihrem Hund finden können und mit diesem Buch der „höher, schneller, weiter" Mentalität ein Gegengewicht schaffen.

Falls du bei der Umsetzung der Entspannungsphasen gerne mehr Begleitung haben möchtest, bin ich jederzeit für dich da.

Auf der folgenden Seite findest jede Menge Links zu den weiterführenden Inhalten aus dem Buch, zu anderen Büchern und auch zum Gewinnspiel für einen meiner Onlinekurse. Ich freue mich, wenn du auf meiner Website vorbeischaust.

Bis bald, Sarah

Noch mehr Hilfreiches...

Auf meiner Website: www.bothshunde.com findest du jederzeit die Möglichkeit dich für meinen Newsletter mit kostenlosen Tipps anzumelden. Hier erzähle ich immer wieder auch aus meinem Alltag mit Alma und kleine Trainingsgeschichte aus Kundenterminen. Außerdem findest du einen Überblick über meine Onlinekurse und hast die Möglichkeit mich für ein persönliches Coaching zu kontaktieren.

Alle Links zu weiterführender Literatur, Videos zu den Übungen, Produktempfehlungen, und alle anderen Infos, die ich im Buch erwähnt habe, findest du auf der Website zum Buch: www.bothshunde.com/hund-im-stress.

...und ein Gewinnspiel

Achtung! Einmal im Quartal gibt es die Möglichkeit für dich, einen meiner Onlinekurse deiner Wahl zu gewinnen.
Darunter zum Beispiel „Entspannter Hund - Entspannter Alltag“ im Wert von 127€, oder „Hundebegegnungen easy meistern“ im Wert von 97€.

Das geht ganz einfach und schnell.
Alles was du tun musst, erfährst du auf der Website zum Buch.

VERLAG
Herz & Verstand

Sarah Both - Bothshunde
Verlag Herz & Verstand
Comburgstraße 30, 71640 Ludwigsburg

Made in the USA
Monee, IL
09 November 2026

67948866R00089